W0258926

Das Trockengleichrichter-Vielfachmeßgerät

Von

Dipl.-Ing., Dr. techn.

Theodor Walcher

Wien

Mit 97 Textabbildungen

Wien

Springer-Verlag

1950

ISBN-13: 978-3-7091-7767-9 e-ISBN-13: 978-3-7091-7766-2
DOI: 10.1007/978-3-7091-7766-2

Softcover reprint of the hardcover 1st edition 1950

Vorwort.

Die Strom- und Spannungsmesser in Verbindung mit Trockengleichrichtern, insbesondere die Vielfachmeßgeräte, haben auf dem Gebiete der gesamten elektrischen Meßtechnik hervorragende Verbreitung gefunden. Für viele einfache Zwecke, vor allem in der Starkstromtechnik, macht die Verwendung dieser Geräte keine nennenswerten Schwierigkeiten. Für besondere Zwecke, wenn es sich z. B. darum handelt, zu entscheiden, ob ein derartiges Instrument unter besonderen Betriebsbedingungen, wie sie häufig in der Schwachstrom- und Radiotechnik auftreten, für einen bestimmten Verwendungszweck geeignet erscheint und mit Erfolg angewendet werden kann, muß die Kenntnis der prinzipiellen Arbeitseigenschaften vorausgesetzt werden. Der Trockengleichrichter zeigt eine sehr erhebliche Abhängigkeit seiner Kenngrößen von den verschiedenen Betriebsbedingungen, welcher Umstand die charakteristischen Eigenschaften eines Trockengleichrichtermeßgerätes wesentlich beeinflußt.

Da die Entwicklung dieser Meßgeräte in den letzten Jahren zu einem gewissen Abschluß gekommen ist, scheint es daher angebracht, zur Beurteilung der Möglichkeiten und Grenzen der Verwendung eines solchen Gerätes auf die prinzipiellen Arbeitseigenschaften des Gleichrichters hinzuweisen.

Ebenso wie jeder Fachmann bei der Arbeit mit einer elektrischen oder mechanischen Vorrichtung, einer Werkzeugmaschine oder dergleichen, nur dann die volle Leistungsfähigkeit auszunützen und die Einrichtung für besonders schwierige Verhältnisse anzuwenden im Stande ist, wenn er Aufbau, Einzelheiten, Wirkungsweise, Betriebsbedingungen und Eigenschaften kennt, setzt die vielseitige Verwendungsmöglichkeit der Gleichrichtermeßgeräte, vor allem die Anwendung in vielen Fällen der Schwachstromtechnik, die Kenntnis ihrer Schaltung, der Betriebseigenschaften usw. voraus.

Im ersten Teil des Buches werden daher neben der Schilderung der physikalischen Vorgänge in einem Gleichrichterventil, die Erkenntnisse über die charakteristischen Eigenschaften zusammengestellt und ihre Abhängigkeit von den Einflußgrößen beschrieben. Eingeprägter Strom und eingeprägte Spannung geben grundsätzlich anderes

Verhalten des inneren Widerstandes des Gleichrichters und beeinflussen Schaltung und Meßmethode. Die Temperaturabhängigkeit des inneren Widerstandes und die durch die innere Kapazität des Gleichrichters verursachte Frequenzabhängigkeit, sowie die durch die Differenz von effektivem Eichwert und angezeigtem arithmetischem Mittelwert bedingte Oberwellenabhängigkeit, bestimmen Schaltung und Belastung des Gleichrichters, und begrenzen die Meßgenauigkeit und den Meßbereichumfang bei Vielfachmeßgeräten. Das Verhalten des inneren Widerstandes des Gleichrichtermeßgerätes in einer Meßschaltung hängt von der Größe des Wirk- oder Scheinwiderstandes im Meßkreis ab und die Rückwirkung der Änderung des inneren Widerstandes auf den Meßkreis ist zu berücksichtigen.

Im zweiten Teil wird die Anwendung der im ersten Teil zusammengestellten Erkenntnisse an Beispielen gezeigt. Alle Messungen mit Vielfachmeßgeräten gehen auf die einfachen Strom- und Spannungsmessungen zurück. Im weiteren dienen diese dann zur Bestimmung der Leistung, des Widerstandes, der Kapazität, der Induktivität usw. Grundsätzlich sind die Meß- und Berechnungsverfahren einfach und bekannt, doch ergeben sich unter Berücksichtigung der charakteristischen Eigenschaften der Gleichrichtermeßgeräte besondere Richtlinien bei ihrer Verwendung und gewisse Grenzen der Anwendungsmöglichkeit. Andererseits ermöglichen aber die hohe Empfindlichkeit und die übrigen hervorragenden Eigenschaften dieser Meßgeräte die ungemein vielseitige Anwendung.

Mit der Herausgabe dieses Buches soll sowohl dem Studierenden bei seinen Arbeiten im Laboratorium, als auch dem in der Praxis stehenden Ingenieur und Techniker mit allgemeinen elektrotechnischen Kenntnissen ein Hand- und Nachschlagebuch geboten werden, das bei der Lösung der Aufgaben und oft recht schwieriger Probleme in dem äußerst vielseitigen Gebiet der elektrischen Meßtechnik und bei der Anwendung von Vielfachmeßgeräten Hilfe und Anregung geben soll.

Die einzelnen Kapitel und Beispiele wurden nicht in der bei vielen Büchern über elektrische Meßkunde üblichen Weise nach Meßmethoden oder Anwendungsgebiete, sondern ausgehend von den grundsätzlichen Schaltungen der mit einem Vielfachmeßgerät durchführbaren Messungen und Meßschaltungen, zum Zwecke einer zusammenfassenden Unterweisung für einen bestimmten vorliegenden Spezialfall, zusammengestellt und der Vollständigkeit halber ausführlich behandelt. Richtlinie war also die Zusammenstellung der Meßmethoden nach gleichen Gesichtspunkten und praktischen Erfahrungen bei der Verwendung derartiger Meßgeräte. Das angeschlossene Sachverzeichnis soll die Orientierung über die meßtechnischen Begriffe und vor allem dem Praktiker die Wahl der Meßmethode erleichtern.

Es ist leider eine Tatsache, daß die meisten meßtechnischen Bücher nicht von praktisch tätigen Spezialisten herrühren und nur wenig praktische Erfahrungen vermitteln. Mit dem vorliegenden Buch soll diesem Mangel wenigstens für die heute vielfach vorherrschenden Vielfachmeßgeräte Rechnung getragen werden. Notwendigerweise konnte dies vor allem im zweiten Teil nur an einem ganz bestimmten Meßgerät durchgeführt werden. Wenn die Wahl auf das Normameter fiel, so aus dem Grunde, weil der Verfasser an der Entwicklung dieses Gerätes regen Anteil genommen hat und die charakteristischen Eigenschaften an einer großen Anzahl von Geräten als Mitarbeiter der Norma studieren konnte.

Einige der angeführten Beispiele aus der Praxis wurden von Benützern dieses Gerätes angeregt. Ihnen sei an dieser Stelle für ihre Einsendung bestens gedankt.

Wien, Anfang 1950.

Th. Walcher.

Inhaltsverzeichnis.

Erster Teil.

Die charakteristischen Eigenschaften des Trockengleichrichter-Vielfachmeßgerätes und ihr Einfluß auf den Verwendungszweck.

Seite

Einleitung 1

I. Aufbau und Wirkungsweise des Gleichrichters. Begriffsbestimmungen 6
   1. Elektronische Halbleitung 8
   2. Sperrschichttheorie 9
   3. Feldtrichtertheorie 10

II. Innerer Widerstand und Kapazität des Gleichrichters 10

III. Gleichrichterschaltungen, Meßzweig 18

IV. Einfache Trockengleichrichter-Strom- und Spannungsmesser . . 22
   1. Eingeprägte Spannung. Spannungsgleichrichtung 22
   2. Eingeprägter Strom. Stromgleichrichtung 23
   3. Spannungstransformator 24
   4. Stromtransformator 24
   5. Ersatzschaltbild für das Temperatur- und Frequenzverhalten 25
   6. Oberwellenabhängigkeit 30
   7. Leistungsverbrauch 35

V. Kompensation des Temperatur- und Frequenzfehlers 36

VI. Trockengleichrichter-Vielfach-Meßgeräte 40
   1. Skalendeckungsfehler 41
   2. Meßbereichgrenzen 42
   3. Meßbereichunterteilung 43

VII. Beeinflussung des äußeren Stromkreises bei der Messung mit Gleichrichter-Meßgeräten 44

Zweiter Teil.

Das Trockengleichrichter-Vielfachmeßgerät in der Praxis unter besonderer Berücksichtigung der Normameter-Schaltung.

Einleitung 47

1. Gleichzeitigkeit der Strom- und Spannungsmessung 47
2. Mechanische Einzelheiten 48
3. Spannungsabfall und Stromverbrauch. Meßbereiche 49
4. Innerer Widerstand 51
5. Temperatur- und Frequenzabhängigkeit der Anzeige 52
6. Trennung von Gleich- und Wechselstrom 54
7. Magnetische Beeinflussung des Drehspulmeßwerkes 55
8. Überlastbarkeit 55

Seite

Meßmethoden und Verfahren des praktischen Gebrauches bei Vielfachmeßgeräten.

I. Gleichstrommessungen 57
1. Bestimmung elektrischer Größen 57
A. Gleichstrommessungen unter Annahme einer bekannten und konstanten Spannung 57
a) Grundsätzliche Schaltungen 57
Messungen von Gleichströmen unter Verwendung der eingebauten Meßbereiche 57. — mit einem Anstecknebenwiderstand 58. — mit beliebigen Nebenwiderständen 58.
b) Anwendungsbeispiele 60
Messung des Stromes durch einen höherohmigen Verbraucher 60. — Messung des Gitterstromes bei Oszillatorschaltungen 62. — Messung der Isolation einer Kabelader 62.
B. Vergleich von Gleichströmen 63
a) Grundsätzliche Schaltungen 63
Verhältnis zweier Ohmscher Widerstände 63. — Bestimmung des arithmetischen Mittelwertes von zerhacktem Gleichstrom 63.
b) Anwendungsbeispiele 63
Fehlerortsbestimmung bei alladrigem Erd- oder Nebenschluß 63. — Bestimmung des Impulsverhältnisses von Wählerscheiben 65.
2. Bestimmung physikalischer Größen 66
Bestimmung der Abhängigkeit des Stromes von der Beleuchtungsstärke eines Photoelementes 66
Kontrolle der Leistung von Hochfrequenzsendern 68
II. Gleichspannungsmessungen 69
1. Bestimmung elektrischer Größen 69
A. Gleichspannungsmessungen bei gegebener und konstanter Belastung 69
a) Grundsätzliche Schaltungen 69
mit Ansteckvorwiderständen 69. — mit getrennten Vorwiderständen 71.
b) Anwendungsbeispiele 71
Spannungsmessungen an elektrischen Maschinen, Batterien und Gleichrichtergeräten 71. — Messungen von Gitterspannungen 72. — Messungen an einem Spannungsteiler 72. — Wicklungs- und Isolationsprüfung an Kollektorankern 76.
B. Vergleich von Gleichspannungen 77
Fehlerortsbestimmung nach der Spannungsabfallmethode bei Erd- oder Nebenschluß einer Ader 77
2. Bestimmung physikalischer Größen 79
Messung der Temperatur mit Hilfe eines Thermoelementes . 79

Seite

III. Gleichstrom- und Spannungsmessungen 81
1. Bestimmung elektrischer Größen 82
A. Leistungsmessungen 82
a) Grundsätzliche Schaltungen 82
b) Anwendungsbeispiele 86
Leistungsmessung an Gleichstrommaschinen 86. — Bestimmung und Prüfung der Entladekapazität von Akkumulatoren 86. — Leistungsmessungen an Verstärker- und Gleichrichterröhren 87.
B. Widerstandsmessungen 88
a) Grundsätzliche Schaltungen 88
Widerstandsmessungen durch Strom- und Spannungsmessungen 88. — Direktzeigende Widerstandsmesser 92. — Prüfung von Spulenwicklungen 94.
b) Anwendungsbeispiele 96
Widerstandsmessung an Kollektormaschinen 96. — Bestimmung der Erwärmung von Wicklungen elektrischer Maschinen 97.
C. Röhrenprüfungen. Röhrencharakteristik 98
Bestimmung der charakteristischen Werte von Verstärkerröhren 98
Aufnahme der Kennlinie 98
Röhrenvoltmeter 100
D. Messung des Reststromes von Elektrolytkondensatoren . 101
2. Bestimmung physikalischer Größen 102
Zeitbestimmung durch Messung der Ladung und Entladung von Kondensatoren über Ohmsche Widerstände 102

IV. Wechselstrommessungen 104
1. Bestimmung elektrischer Größen 104
A. Wechselstrommessungen unter Annahme einer bekannten und konstanten Spannung 104
a) Grundsätzliche Schaltungen 104
Messung von Wechselströmen unter Verwendung der eingebauten Meßbereiche 104. — Meßbereicherweiterung durch Nebenwiderstände 104. — Meßbereicherweiterung durch Wandler 106.
b) Anwendungsbeispiele 107
Strommessung mit Anlegern 107. — Anzeigegerät für Hochfrequenz 108.
B. Vergleich von Wechselströmen 108
a) Grundsätzliche Schaltungen 109
Drei-Amperemeter-Methode 109.
b) Anwendungsbeispiele 109
Bestimmung der Leistung und des Leistungsfaktors 109. — Leistungsfaktor 110. — Wirkleistung 110. — Wirk-

Seite

widerstand 110. — Blindwiderstand 110. — Scheinwiderstand 110. — Blindleistung 110. — Scheinleistung 110. — Bestimmung der Vierpol- oder Leitungsdämpfung 110.

V. Wechselspannungsmessungen 112

1. Bestimmung elektrischer Größen 112

A. Wechselspannungsmessungen bei gegebener und konstanter Belastung 112

a) Grundsätzliche Schaltungen 112

Messung von Wechselspannungen unter Verwendung der eingebauten Meßbereiche 112. — Erweiterung der Meßbereiche durch Ansteckvorwiderstände 112. — Separate Vorwiderstände 112. — Anwendung von Spannungswandlern 113.

b) Anwendungsbeispiele 114

Prüfung und Beurteilung der Güte eines Radioempfängers 114. — Ausgangsleistung 114. — Anpassungsbestimmungen 116. — Bestimmung der Nutenschwingungen 116. — Bestimmung des Wechselspannungsanteiles bei Röhren- oder Quecksilberdampfgleichrichtern 116.

B. Vergleich von Wechselspannungen 116

a) Grundsätzliche Schaltung 116

Drei-Voltmeter-Methode 116.

b) Anwendungsbeispiele 116

Bestimmung der Leistung und des Leistungsfaktors 116. — Leistungsfaktor 117. — Wirkleistung 117. — Wirkwiderstand 118. — Blindwiderstand 118. — Scheinwiderstand 118. — Blindleistung 118. — Scheinleistung 118. — Messung der Kapazität und des Verlustwinkels eines Elektrolytkondensators 118. — Messung der Induktivität und des Ohmschen Widerstandes von Spulen unter Gleichstromvorbelastung 119.

2. Bestimmung physikalischer Größen 119

a) Die Bestimmung der Abhängigkeit der Lautstärke eines Lautsprechers von der angelegten Spannung bei verschiedenen Frequenzen 119

b) Bestimmung der Drehzahl 120

VI. Wechselstrom- und Wechselspannungsmessungen 120

1. Bestimmung elektrischer Größen 120

A. Leistungsmessungen 120

a) Grundsätzliche Schaltungen 120

Messung unter Verwendung der im Normameter eingebauten Meßbereiche 120. — mit Nebenwiderständen 120. — Ansteckwandler 121. — Messung mit

Seite

Wandlern 121. — Drei-Amperemeter-Methode mit einem Kondensator 122.

b) Anwendungsbeispiele 124

Bestimmung der Leistungsaufnahme und des Wirkungsgrades eines Kleintransformators 124. — Meßverfahren zur Bestimmung des Arbeitspunktes, der Eisenverluste, des Übersetzungsverhältnisses, der Kopplung usw. von kleineren Netztransformatoren 125. — Bestimmung des richtigen Anpassungswiderstandes 126.

B. Widerstandsmessungen 127

Messungen an Glühlampen, Messungen des Widerstandes von Heizfäden bei Verstärkerröhren, Erd- und Blitzableiter-Widerstandsmessungen usw. 127. — Bestimmung des Scheinwiderstandes 127.

C. Kapazitätsmessungen 127

a) Grundsätzliche Schaltungen 127

Messung kleiner Kapazitätswerte 127. — Messung großer Kapazitäten, Elektrolytkondensatoren 128. — Unmittelbare Ablesung des Kapazitätswertes an der Wechselstromskala 129. — Messung mit einem Schutz- oder Vorkondensator 130.

b) Anwendungsbeispiele 131

Fehlerortsbestimmung bei Aderunterbrechung 131.

D. Frequenzmessung 132

E. Induktivitätsmessungen 133

Drei-Voltmeter-Methode 134. — Messung größerer Induktivitäten 134. — Messung kleinerer Induktivitäten 134. — Berechnungsvorgang 134. — Ohmscher Widerstand von Eisenkernspulen 136. — Eigenkapazität 136. — Bestimmung der gegenseitigen Induktivität 136.

2. Bestimmung physikalischer Größen 136

Wirkungsgradbestimmung an elektrischen Maschinen 136

VII. Nullmessungen 137

Literaturverzeichnis 138

Sachverzeichnis 139

Erster Teil.

Die charakteristischen Eigenschaften des Trockengleichrichter-Vielfachmeßgerätes und ihr Einfluß auf den Verwendungszweck.

Einleitung.

Die Messung schwacher Wechselströme und kleiner Wechselspannungen machte dem Schwachstromtechniker noch vor etwa zwanzig Jahren erhebliche Schwierigkeiten, vor allem wenn die Messung bei verhältnismäßig geringem Leistungsverbrauch durchgeführt werden sollte. Die Suche nach einem geeigneten empfindlichen Instrument war verbunden mit der *Forderung*, daß das Gerät robust, hoch überlastbar und zur Messung von Strömen höherer Frequenz geeignet sein sollte.

Zur Auswahl standen folgende Meßinstrumente, die auch heute noch vielfach verwendet werden, und die zunächst in Bezug auf die gestellte Forderung und auf die Grenzen ihrer Verwendungsmöglichkeit, sowie wegen der Hinweise auf verschiedene Meßwerkseigenschaften, im Verlauf dieser Abhandlung kurz beschrieben werden sollen.

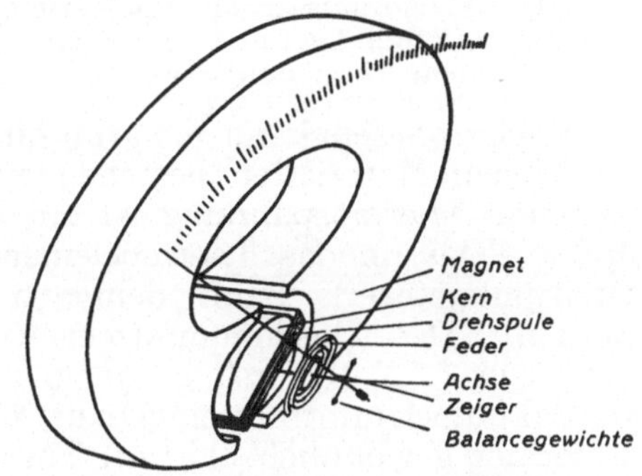

Abb. 1. Drehspulmeßwerk für Vielfachmeßgerät (Normameter GW).

1. Das *Drehspulinstrument* ist ein Gleichstrommeßgerät, das gegenüber allen anderen Meßsystemen bei äußerst geringem Eigenverbrauch die höchste Genauigkeit bei robuster Ausführung gewährleistet. Bei diesem Meßwerk ist nach Abb. 1 eine Spule im Feld eines Dauermagneten drehbar gelagert. Wird durch diese Drehspule ein elektrischer Strom geschickt, so entsteht ein Drehmoment und die Drehspule mit dem darauf befestigten Zeiger dreht sich so weit, bis das Gegendrehmoment der Spiralfedern, die auch als Stromzuführungen zur Drehspule dienen,

dem Drehmoment der Spule das Gleichgewicht hält. Die Drehspule ist auf einem Aluminiumrahmen gewickelt, der wie eine Wirbelstrombremse wirkt und die richtige Dämpfung, bezw. schwingungsfreie Einstellung gewährleistet. Gewöhnlich trägt die Drehspule Stahlspitzen, die in Edelsteinen gelagert sind. Bei hochempfindlichen Mikroamperemetern oder Galvanometern wird statt der Spitzenlagerung, wegen der bei geringem Drehmoment stärker in Erscheinung tretenden Lagerreibung, die Spannbandlagerung oder die Bandaufhängung angewendet. Die Vorteile des Drehspulmeßwerkes sind: geringer Eigenverbrauch, hohe Genauigkeit, kurze Einstellzeit, gute Dämpfung und relativ hohe mechanische und thermische Überlastbarkeit. Demgegenüber steht nur der eine Nachteil, daß es nur für Gleichstrom verwendbar ist.

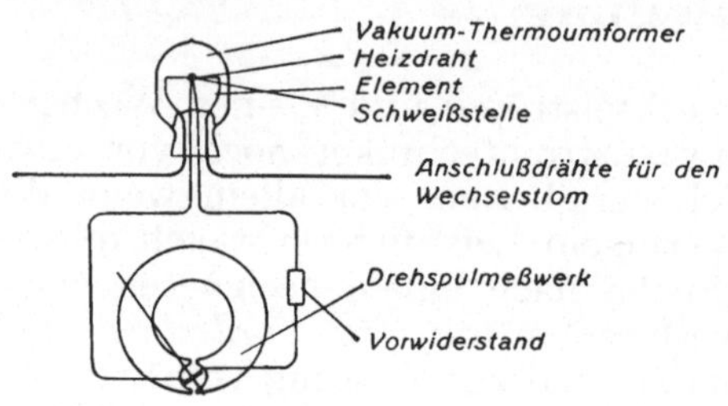

Abb. 2. Grundsätzliche Schaltung eines Vakuum-Thermoumformers mit einem Drehspulmeßwerk.

2. Das *Drehspulmeßwerk in Verbindung mit Thermoumformer* ist das gegebene Hochfrequenzmeßgerät. Der Thermoumformer besteht nach Abb. 2 im wesentlichen aus einem stromdurchflossenen Heizdraht und aus einem Thermoelement. Der Strom durch den Heizdraht, der sowohl ein Gleich- als auch ein Wechselstrom sein kann, erwärmt die Schweißstelle des aus zwei verschiedenen Materialien bestehenden Thermoelementes. Die entstehende Thermospannung ist ein Maß für den Strom im Heizdraht. Das an das Thermoelement angeschlossene empfindliche Drehspulmeßwerk kann demnach für den Heizstrom geeicht werden. Der Thermoumformer wird für niedrige Stromstärken etwa von 1 ... 100 mA in einem evakuierten kleinen Glaskolben als Vakuum-Umformer eingebaut, über 100 mA wird der Thermoumformer gewöhnlich als Luft-Thermoumformer ausgeführt.

Die Frequenzgrenze liegt bei Zulassung eines Anzeigefehlers von etwa $\pm 1{,}5\%$ bei etwa $10^7 \ldots 10^8$ Hz und wird bestimmt durch die Stromverdrängung im Heizdraht bei hohen Stromstärken, durch die induktive Wirkung zwischen Heiz- und Thermokreuz und durch kapazitive Nebenschlüsse zwischen den Stromklemmen.

Das Thermoumformergerät kann also in einem sehr weiten Frequenzbereich verwendet werden und findet deshalb vorteilhaft auch heute noch fast ausschließlich für die Strommessung bei hoher Frequenz Anwendung. In Verbindung mit Schichtwiderständen mit relativ geringen Zeitkonstanten, können Thermoumformergeräte auch als Voltmeter gebaut werden. Die Frequenzgrenze wird bei diesen Spannungsmessern durch die kapazitiven Nebenschlüsse zu den Vorwiderständen bestimmt. Der Nachteil der Thermoumformergeräte ist ihre geringe thermische Überlastbarkeit. Bei etwa 50 ... 100%iger Überlastung brennt der Heizfaden in der Regel durch.

3. Das *Drehmagnetmeßwerk*, bei dem die stromdurchflossene Spule fest und ein kleiner Magnet drehbar gelagert ist, also die Umkehrung des Drehspulinstrumentes darstellt, hat in der Meßtechnik nur eine untergeordnete Bedeutung gefunden. Hauptsächlich wohl aus dem Grunde, weil der Gütegrad immer ein schlechterer ist als der des Drehspulmeßwerkes. Nur für relativ billige Geräte, wie bei den Abstimmindikatoren für Radioempfänger, die vor der Entwicklung des magischen Auges verwendet wurden, und bei Instrumenten, bei denen der Leistungsverbrauch nur eine untergeordnete Rolle, aber das Gesamtgewicht erhöhte Bedeutung hat, wie bei den Flugzeugbordgeräten, wird dieses Meßgerät verwendet.

4. Das *Dreheisenmeßwerk* ist als gutes und wohlfeiles Betriebs- und Feinmeßgerät für Gleich- und Wechselstrom technischer Frequenz bekannt und findet bedeutende Verwendung. Es hat allerdings einen ziemlich hohen Eigenverbrauch und ist zur Messung von Strömen höherer Frequenz nicht geeignet. In Bezug auf Überlastbarkeit ist es allen anderen Meßwerken überlegen. Man unterscheidet Ringspul- und Flachspulmeßwerke, von denen erstere für die oben gestellte Forderung in Betracht zu ziehen sind. Diese heute am meisten verwendeten Dreheisenmeßwerke bestehen also im wesentlichen aus einer feststehenden Ringspule, in der sich zwei Eisenkerne befinden, von denen der eine ebenfalls feststeht, der andere an der Zeigerachse befestigt ist. Diese werden von dem durch die Spule fließenden Strom gleichnamig magnetisiert und stoßen sich gegenseitig ab. Das Gegendrehmoment liefert eine Spiralfeder und eine Luftdämpfung bewirkt die schwingungsfreie Einstellung des Zeigers.

5. Das *elektrodynamische* eisenlose oder eisengeschlossene *Meßwerk* wird vielfach für Gleich- und Wechselstrom technischer Frequenz als Präzisionsmeßgerät verwendet. Es ist u. a. das ideale Leistungsmeßgerät, hat aber einen relativ hohen Leistungsverbrauch. Bei Stromdurchgang dreht sich im Feld der Stromspule die bewegliche Spannungsspule bis die Gegenkraft der Spiralfeder dem Drehmoment das Gleichgewicht hält. Auch bei diesem Meßwerk ist eine besondere Dämpfung, meist Luftdämpfung, vorgesehen.

6. Das *Ferrarismeßwerk* wird in wenigen Sonderfällen, z. B. für besondere Wechselstromschreiber verwendet. Die Anzeige dieses Meßwerkes ist stark frequenzabhängig, weshalb es nur für Wechselstrom einer bestimmten Frequenz geeignet ist. Es besteht aus

zwei Spulenpaaren, die so angeordnet sind, daß in dem von ihnen eingeschlossenen Raum durch phasenverschobene Wechselströme ein Drehfeld entsteht, und aus einer leicht drehbaren Aluminium- oder Kupfertrommel, in der Ströme induziert werden, die ihrerseits mit dem Drehfeld ein Drehmoment bewirken. Die Trommel mit dem Zeiger dreht sich so weit bis die zunehmende Spannung einer Spiralfeder dem Drehmoment das Gleichgewicht hält. Eine Magnetdämpfung bewirkt schwingungsfreie Einstellung des Zeigers.

7. Das *Hitzdrahtmeßwerk*, bei dem die Ausdehnung eines durch den Strom erwärmten Fadens angezeigt wird, wird nicht mehr gebaut, obwohl die Anzeige dieses Gerätes bei Gleich- und Wechselstrom, auch bei höheren Frequenzen und beliebiger Kurvenform, richtig ist. Es wurde durch das Thermoumformergerät vollkommen verdrängt. Letzteres ist zwar ebensowenig überlastbar wie das Hitzdrahtmeßgerät, hat aber bei sonst gleichen Eigenschaften einen wesentlich geringeren Eigenverbrauch.

8. Das *elektrostatische Instrument* ist, im Gegensatz zu den oben aufgezählten Meßwerken, ein reines Spannungsmeßgerät. Das Meßprinzip beruht darauf, daß zwei an einer Gleich- oder Wechselspannung liegende Elektroden sich gegenseitig anziehen. Der besondere Vorteil dieses Gerätes ist der verschwindend kleine Eigenverbrauch, der allerdings mit steigender Frequenz zunimmt. Die höchste Verwendungsfrequenz liegt bei etwa 10^7 Hz. Das elektrostatische Meßwerk hat den Nachteil, daß es ein sehr geringes Einstellmoment besitzt und daher auch geringsten mechanischen Erschütterungen nicht ausgesetzt werden darf. Im allgemeinen werden diese Geräte für höhere Spannungen, aber auch in Sonderfällen für Geräte mit kleinen Spannungen, bei denen einige Volt einen merkbaren Ausschlag geben, verwendet.

Aus der obigen Zusammenstellung geht also hervor, daß zur Messung von Strömen und Spannungen höherer Frequenz allein das Thermoumformergerät und eventuell noch das Hitzdrahtmeßwerk geeignet erscheinen, doch haben beide, wie erwähnt, den Nachteil geringer Überlastbarkeit.

Die Verbindung Drehspulmeßwerk-Thermoumformer zeigte schon den Weg zur praktischen Lösung der gestellten Forderungen und es fehlte nicht an Versuchen, einen vollkommeneren *Gleichrichter* als den Thermoumformer zu finden, der in Verbindung mit dem Drehspulmeßwerk, das also die Vorteile geringen Leistungsverbrauches (hoher Empfindlichkeit), guter Dämpfung und gut ablesbarer Skala besitzt, wenigstens für einen kleineren Frequenzbereich für Strom- und Spannungsmessungen geeignet sein sollte. Der Vollständigkeit halber und um neuerliche Untersuchungen zu ersparen, soll im folgenden auch gezeigt werden, welche Art von Gleichrichtern zur Auswahl und Untersuchung herangezogen wurden. In der Praxis haben wohl mechanische Gleichrichter Eingang gefunden, wie rotierende Gleichrichter, Kommutatoren an elektrischen Maschinen und Schwinggleichrichter, Pendel- oder Wechselrichter, auch Vibratoren genannt, aber ihr einwandfreies Funktionieren setzt neben dem Vorhandensein einer Hilfsstromquelle entsprechenden Kontaktdruck und Kontaktdauer voraus. Ihr Anwendungsgebiet beschränkt sich daher auf technische Frequenzen. Chemische Gleichrichter sind zu keiner praktischen Bedeutung gelangt. Von den bekannt gewordenen elektrischen Gleichrichtern hat der Kristalldetektor erst wenig praktische Verwendung in der Meßtechnik erfahren.

Zur elektrischen Gleichrichtung zählen natürlich die vielen Schaltungen mit Vakuumröhren, bezw. mit Gas-, bezw. Quecksilberdampfentladungsröhren. Das Röhrenvoltmeter ist besonders für den Fall der Ausgangsleistungsmessung an Röhrenverstärkern ein gefährlicher Konkurrent des Trockengleichrichterinstrumentes geworden, weil es den großen Vorteil hat, daß die Spannungsmessung ohne Leistungsverbrauch durchgeführt werden kann, während das Trockengleichrichtermeßgerät in den üblichen Ausführungen derzeit höchstens mit einer Empfindlichkeit von etwa 20.000 Ohm/V als einigermaßen robustes und betriebssicheres Instrument hergestellt werden kann. Allerdings hat das Röhrenvoltmeter den Nachteil, daß der Aufwand ein größerer ist, daß es daher teurer ist als das Trockengleichrichtergerät und eine Hilfsspannung benötigt.

Auch andere Anordnungen, die den „Longitudinaleffekt", also die Änderung des Leitungswiderstandes, z. B. im Wismut, oder den „Transversaleffekt", dem Physiker als Halleffekt bekannt, benützen und mit Hilfe eines Wechselstrommagnetfeldes den Wechselstrom in einen äquivalenten Gleichstrom umformen, wurden zur Verwendung als Gleichrichter vorgeschlagen, doch ist der Wirkungsgrad dieser Anordnung sehr gering. Es ergeben sich größere Temperaturfehler und andere Einflüsse, außerdem erfordern die Anordnungen hohen Aufwand.

Der Trockengleichrichter, für dessen Entstehungszeit das Jahr 1874 angegeben wird, hatte vor allem als Kupferoxydul- und Selengleichrichter bereits vielseitige praktische Verwendung in der Stark- und Schwachstromtechnik gefunden, u. a. zur Ladung von Akkumulatoren aus dem Wechselstromnetz, für Gleichstrom-Hochspannungseinrichtungen, für die Kabelprüfung, zur Lieferung von Erregerströmen für Feldspulen dynamischer Lautsprecher und für viele andere Zwecke, doch waren die Ausführungen noch nicht den Forderungen der Meßtechnik gewachsen. Trotz mancher Zweifel, die auch von namhaften Wissenschaftlern geäußert wurden, ob es gelingen wird, die charakteristischen Eigenschaften der Gleichrichter soweit zu verbessern, daß sie für Meßzwecke verwendet werden können, ist es, nachdem von der Firma Weston Electrical Instr. Corp., Newark, USA, im Jahre 1921 die erste Vollwegschaltung mit einem Molybdänsulfid-Gleichrichter für ein Tonfrequenz-Amperemeter und 1925 ein Instrument mit Karborund-Gleichrichter entwickelt wurde, das im Jahre 1930 den Gegenstand des Grundpatentes für die Gleichrichtermeßgeräte bildete, dank der Bemühungen einiger Firmen, besonders auch der Westinghouse Brake & Signal Co. in London gelungen, für allgemeine Meßzwecke brauchbare Gleichrichter serienmäßig herzustellen, und die Gleichrichtermeßgeräte haben seither eine ungeheure Verbreitung auf der ganzen Welt gefunden. Wie eingangs erwähnt, beeinflussen die charakteristischen Eigenschaften des Gleichrichters nicht nur die Anzeige des Meßgerätes selbst, sondern unter Umständen den ganzen Meßkreis. Es soll daher nachstehend der Aufbau und die Wirkungsweise beschrieben und die Einflüsse auf die Meßgenauigkeit behandelt werden, deren Kenntnis notwendig ist, um diese Instrumente mit Vorteil verwenden zu können.

I. Aufbau und Wirkungsweise des Gleichrichters. Begriffsbestimmungen.

In der Meßtechnik wurden bisher im wesentlichen zwei Gleichrichterarten verwendet, der Kupferoxydul- und der Selengleichrichter. In neuerer Zeit hat auch noch der Germanium-Gleichrichter einige Bedeutung erlangt. Der am meisten benutzte

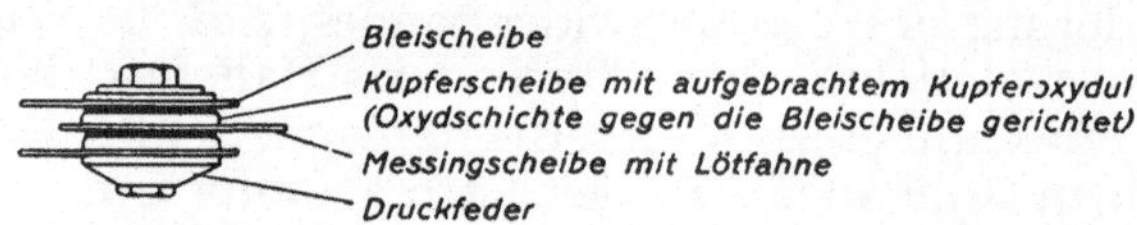

Abb. 3. Meßgleichrichter mit zwei Kupferoxydulventilen. Ausführung für 50 mA-Nennstrom.

Kupferoxydulmeßgleichrichter besteht bei den Ausführungen für etwa 50 ... 100 mA nach Abb. 3 aus einer Säule von wechselweise geschichteten Bleischeiben und einseitig oxydierten Kupferscheiben. Die Stromzu- und Abführungsanschlüsse erfolgen durch dazwischengelegte Messingscheiben mit entsprechenden Lötfahnen. Eine zentrische Schraube hält im Verein mit einer Feder und einer Mutter die ganze Säule zusammen. Die Feder sorgt für stets gleichbleibenden Kontaktdruck zwischen den einzelnen Scheiben. Bei den Ausführungen für kleinere Stromstärken, etwa zwischen 100 μA ... 10 mA, haben die Scheiben nach Abb. 4 einen Durchmesser von einigen Millimetern. Die einzelnen, wie oben aus je einer einseitig oxydierten Kupferscheibe und einer

Kontaktscheibe bestehenden Gleichrichterelemente oder Ventile sind in einem kleinen Isoliergehäuse untergebracht und die Scheiben jedes einzelnen Ventiles stehen unter dem Druck einer Spiral- oder Blattfeder. Die Selenmeßgleichrichter haben grundsätzlich den gleichen Aufbau wie die Kupferoxydul-Meßgleichrichter für die höheren Stromstärken. Bei den Ausführungen für höhere Spannungen werden mehrere Zellen hintereinandergeschaltet, wodurch sich die Höhe der Säule natürlich vergrößert.

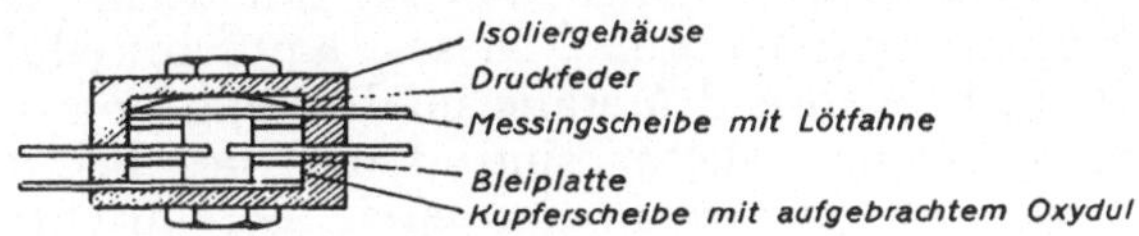

Abb. 4. Meßgleichrichter mit vier Kupferoxydulventilen in *Graetz*-Schaltung. Ausführung für 10 mA-Nennstrom.

Der Kupferoxydulgleichrichter ist als der eigentliche Meßgleichrichter anzusehen. Wie später noch genau beschrieben werden wird, hat er zwar den Nachteil, daß die Sperrspannung verhältnismäßig gering ist, aber den großen Vorteil hoher Konstanz, besonders bei Temperaturschwankungen. Der Selengleichrichter hat dagegen einen hohen Widerstand in der Durchlaßrichtung und wird daher ausschließlich bei Spannungsmessungen und in neuerer Zeit bei Hochspannunggleichrichtern in Kaskadenschaltung (Westeht der Firma Westinghouse) verwendet.

Die gleichmäßige Herstellung der Kupferoxydulschichte auf den Kupferscheiben setzt naturgemäß eine erhebliche Erfahrung bei der Durchführung des Glühprozesses voraus und ist selbstverständlich ein wohlgehütetes Fabriksgeheimnis der Herstellerfirmen. Im wesentlichen wird ein bestimmtes Kupfermaterial, am besten chilenischer Herkunft, für die Gleichrichterscheibe verwendet. Verunreinigungen, besonders Silberbeimengungen von einigen Millionstel beeinflußen die endgültigen Gleichrichtereigenschaften. Verschiedene Grundzusammensetzung erfordert auch eine etwas andere Behandlung. Die gestanzten Kupferscheiben werden dann im elektrischen Ofen unter Ausschluß von Sauerstoff einem genau vorausbestimmten Oxydations- und Glühprozeß unterworfen, wobei die Oxydation nahe dem Schmelzpunkt erfolgt. Im allgemeinen erfolgt nach einer halbstündigen Glühung bei etwa 900 ... 1 000° C eine allmähliche Abkühlung auf etwa 450 ... 550° C, dann eine, einige Stunden dauernde Temperung bei diesen Temperaturen und schließlich die endgültige Abkühlung. Nach der Härtung werden die Gleichrichterscheiben einer mehrfachen mechanischen und chemischen Reinigung unterzogen, hauptsächlich um das sich ebenfalls gebildete, schwarzgraue Kupferoxyd zu entfernen. Dieses könnte die Ursache von zu niedrigem Sperrwiderstand des Gleichrichters sein. Schließlich werden meist die Kontaktflächen mit einer durch Kathodenzerstäubung aufgebrachten Goldschichte überzogen. Nach der Prüfung und Sortierung werden die Gleichrichter zusammengesetzt, bezw. in kleine Isoliergehäuse endgültig eingebaut, und bei erhöhter Temperatur über eine Zeitdauer von etwa einem Monat einer künstlichen Alterung unterworfen.

Betrachtet man eine solche Gleichrichterscheibe unter dem Mikroskop, so sieht man deutlich das kristallinische Gefüge der rubinroten Kupferoxydschichte. Dieses Kupferoxydul ist nun ein Halbleiter, d. h. während Metalle unabhängig von der Stromrichtung gute Elektrizitätsleiter sind, trifft dies bei den Halbleitern nicht zu. Sie weisen in der einen Stromrichtung einen geringeren Widerstand auf, während in der entgegengesetzten Richtung der Stromdurchgang nahezu gesperrt ist. Diese Wirkung ist seit langem bekannt und wurde z. B. in der Radiotechnik bei den Detektoren praktisch verwendet. Ursprünglich nahm man als Ursache dieser Wirkung gewisse thermoelektrische Erscheinungen an der Kontaktstelle an, doch hat die Elektronentheorie die Unhaltbarkeit dieser Annahme bewiesen. Sehr eingehende Untersuchungen haben zu interessanten Theorien geführt, und es soll daher im folgenden ein kurzer Überblick über diese Theorien, die die Elektrizitätsleitung in Halbleitern und den Gleichrichtereffekt zu erklären versuchen, gegeben werden.

1. Elektronische Halbleitung.

Die Elektrizitätsleitung in Halbleitern kann durch Ionen- oder Elektronenbewegung oder auch durch gemischte Leitung, durch Ionen und Elektronen erfolgen. Bei den Trockengleichrichtern liegt elektronische Halbleitung vor. Sie ist dadurch gekennzeichnet, daß sie ohne Zersetzungserscheinungen erfolgt und einen positiven Temperaturkoeffizienten der Leitfähigkeit besitzt. Die Elektronenleitung der kristallisierten Halbleiter ist keine Materialeigenschaft, sondern hängt von den Fehl- und Störstellen des Kristallgitters ab. Kristalle mit regelmäßigem Gitteraufbau sind hochisolierend und je nach Anzahl der Fehl- und Störstellen ergibt sich wesentlich verschiedene Leitfähigkeit. So werden bei der thermischen Behandlung des Kupferoxyduls Unterschiede der Leitfähigkeit um mehr als drei Zehnerpotenzen festgestellt. Hiedurch werden alle Untersuchungen an Halbleitern mit Elektronenleitern sehr erschwert, da je nach Vorbehandlung und eventuellen Verunreinigungen, das Material verschiedene Eigenschaften aufweist. Durch zahlreiche Messungen an gleichem Material und nur durch sorgfältiges Studium der Herstellungsbestimmungen gelang es, einige Gesetzmäßigkeiten zu erkennen. So wurde nachgewiesen, daß der Sauerstoffpartialdruck bei der Temperung von ausschlaggebender Bedeutung ist, daß Temperung im Vakuum

Kristalle mit extrem niederer Leitfähigkeit, Temperung in Gegenwart von Sauerstoff Material mit sehr großem Leitvermögen ergibt. Das Kupfer bildet nun bekanntlich mit Sauerstoff die beiden Oxydationsstufen Kupferoxydul Cu_2O und das Kupferoxyd CuO. Je nach der Höhe der Temperatur beim Tempern und nach der Art der Abkühlung bildet sich CuO im Cu_2O in verschiedenem Verhältnis zueinander. Die Fehlstellen im Cu_2O-Gitter bilden sich also unmittelbar aus den Gitterbausteinen durch Übergang in andere Wertigkeitsstufen. Die Störstellen bestehen also nicht aus Fremdatomen. Es wurde demnach gefunden, daß die thermische Leitfähigkeit durch Gitterstörstellen verursacht wird. Führt man diesen Gitterstörstellen eine bestimmte Energie, z. B. Wärme, zu, so erfolgt an den Störstellen eine Elektronenspaltung, die sich durch erhöhte Leitfähigkeit bemerkbar macht. Nebenbei erwähnt, sind die Verhältnisse bei Selen unübersichtlicher, da vier Modifikationen unterschieden werden, nämlich die rote amorphe, die rote kristalline und die beiden hell- und dunkelgrauen metallischen Modifikationen.

2. Sperrschichttheorie.

Die Theorie über die Elektrizitätsleitung in Halbleitern, deren wesentliche Grundzüge im vorangegangenen Kapitel beschrieben wurden, bildet nun die Grunderkenntnis für die weiteren Untersuchungen zur Erklärung des Gleichrichtereffektes. Nach der Sperrschichttheorie ist die Gleichrichterwirkung keine Materialeigenschaft des reinen Kupferoxyduls. Durch umfangreiche Untersuchungen wurde nachgewiesen, daß sich reines Kupferoxydul wie ein Ohmscher Widerstand verhält und keinerlei Gleichrichterwirkung besitzt. Die Gleichrichterwirkung ist lediglich durch die Art des Kontaktes zwischen dem Kupferoxydul und der Metallelektrode bestimmt. Die größte Sperrwirkung ist bei Kupferoxydulschichten vorhanden, die bei hohen Temperaturen auf Kupfer aufgewachsen sind. Durch Untersuchungen mit einer Nadelsonde konnte festgestellt werden, daß der Sitz der Gleichrichterwirkung die Grenzschichte zwischen Kupfer und Kupferoxydul ist, und zwar wurde festgestellt, daß die Elektronen leichter vom Kupfer zum Oxydul übertreten als umgekehrt, bezw. der Durchgang in der vereinbarungsgemäß als positiv bezeichneten Richtung des Stromes leichter vom Halbleiter (Kupferoxydul) zum Kupfer als umgekehrt erfolgt. Es wurde nun nach *Schottky* angenommen, daß die feinen Kristalle des Kupferoxyduls nur mit ihren Spitzen das Mutterkupfer berühren und daß dieser rein geometrische Effekt eines Siebwiderstandes die Gleichrichtung bewirkt. Gewisse Erscheinungen lassen allerdings darauf schließen, daß nicht eine teilweise Berührung von Mikrokontakten, sondern eine innige Berührung stattfindet und eine dünne Schichte unterschiedlicher chemischer Zusammensetzung angenommen werden muß.

3. Feldtrichtertheorie.

Nach der Feldtrichtertheorie nach *Teichmann*, die eine Erweiterung der Sperrschichttheorie darstellt, wird nun an Stelle der Berührung der Kristallspitzen und des Mutterkupfers eine besondere feldtrichterartige Anordnung der Gitterbausteine an der Grenzschichte angenommen. Ebenso wie bei einer Strömung eines verdünnten, wirbelfreien Gases durch ein Trichtersystem, eine Reflexion der Gasteilchen an der Innenseite des Trichters in die enge Öffnung erfolgt und schließlich die Gasteilchen leichter nach der anderen Seite gelangen können als umgekehrt, kann auch unter der Annahme, daß in der Grenzschichte des Gleichrichters, in der sich nicht mehr reines Kupferoxydul, sondern Mischkristalle von Kupfer und beiden Oxyden befinden, weiterhin angenommen werden, daß in den Elementarwürfeln des Cu_2O die Sauerstoffionen in den Eckpunkten durch Cu-Ionen des Kupfers ersetzt sind und somit eine Deformation des Gitters hervorgerufen wird. Nun liegen die Dimensionen der Dicke der Sperrschichte, der Dicke der Zone der Mischkristallbildung und der Weglänge der Elektronen in dem für die Trichtervorstellung als notwendig erkannten Dimensionsverhältnis, so daß durch die praktische Feststellung, daß die Gleichrichterwirkung in der Grenzschichte liegt und in dieser Zone die Feldtrichter zu suchen sind, die Vorstellung dieser Theorie als bestätigt angenommen werden kann.

II. Innerer Widerstand und Kapazität des Gleichrichters.

Wie eingangs erwähnt, sind die charakteristischen Eigenschaften des Gleichrichters, insbesondere sein innerer Widerstand,

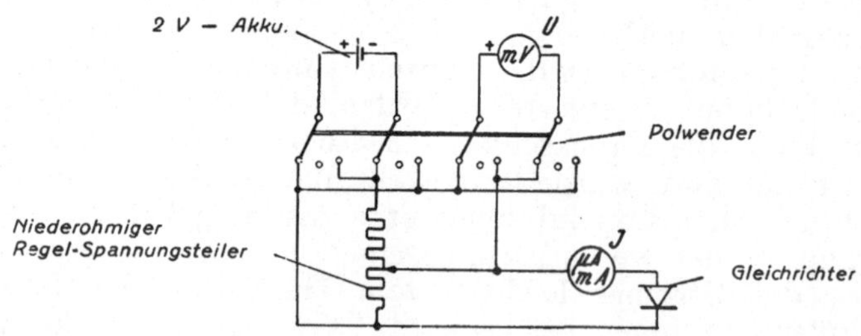

Abb. 5. Schaltung zur Aufnahme der Gleichrichterkennlinie.

von verschiedenen Betriebsbedingungen abhängig. Um dies zu studieren, wird zunächst in der Schaltung nach Abb. 5 die Kennlinie eines Ventiles in ähnlicher Weise aufgenommen, wie sie bei der Aufnahme von Röhrenkennlinien üblich ist. Mit Hilfe eines

Regelspannungsteilers wird ein Gleichstrom durch den Gleichrichter eingeregelt, mit einem möglichst niederohmigen Milli-, bezw. Mikroamperemeter gemessen und die Spannung mit einem hochohmigen Millivoltmeter bestimmt. Bei der Auswertung der Meßergebnisse ist allerdings der Widerstand des Strommessers, bezw. der Spannungsabfall an diesem Instrument zu berücksichtigen. An Stelle des Millivoltmeters kann die Spannung mit einem Röhrenvoltmeter oder noch genauer mit einem Kompensationsapparat unmittelbar an den Gleichrichterklemmen bestimmt werden. Dann erhöht sich natürlich die Genauigkeit der Messung und die Ausrechnung der Meßergebnisse wird vereinfacht.

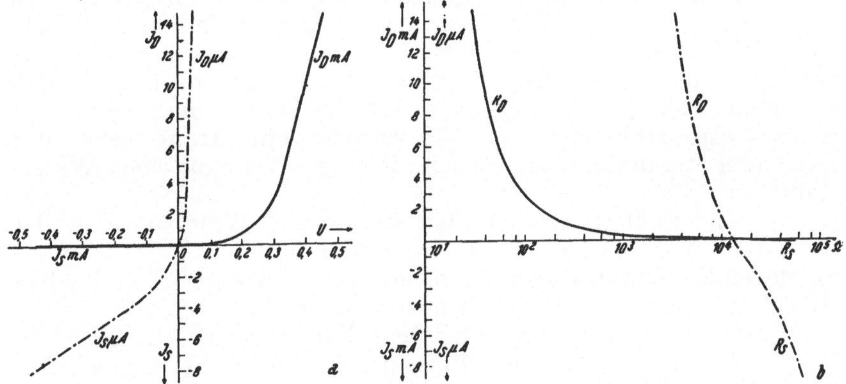

Abb. 6. Strom-Spannungs- und Strom-Widerstands-Kennlinie eines 10 mA-Gleichrichters.

Die Werte werden auch bei umgepolter Spannung gemessen. Die aufgenommenen Werte ergeben die *Strom-Spannungskurve* nach Abb. 6 a. Man sieht deutlich, daß bei gleicher Spannung an den Gleichrichterklemmen, in der einen Richtung der Strom wesentlich größere Werte annimmt, als in der anderen. Man spricht daher im ersten Fall von der „*Durchlaß-Richtung*" und vom „*Durchlaß-Strom*" I_D, im zweiten Fall von der „*Sperr-Richtung*" und gelegentlich auch vom „*Sperr-Strom*" I_S. Bei der experimentellen Aufnahme soll zunächst der Durchlaßstrom nicht über etwa dem $\sqrt{2}$-fachen Wert des für den Gleichrichter von der Herstellerfirma angegebenen Nennstromes erhöht werden, welcher Wert der Amplitude des sinusförmigen Nenn-Wechselstromes entspricht. In der Sperr-Richtung soll die Spannung nicht den Wert übersteigen, der dem Spannungsabfall bei dem $\sqrt{2}$-fachen Nenn-Durchlaßstrom entspricht.

Die Gleichrichter halten wohl im allgemeinen eine mehrere 100% betragende Überlastung (Kupferoxydulgleichrichter bis etwa 5 V, Selengleichrichter bis etwa 18 V) aus, doch werden die elektrischen Eigenschaften des Gleichrichters über dem angegebenen Wechselstrom-Nennbereich so verändert, daß er nicht mehr als Meßgleichrichter geeignet ist. Aus diesem Grunde sollen daher im allgemeinen Meßgleichrichter mit Kupferoxydulventilen unmittelbar nicht über etwa 2 V und Selenventile nicht über etwa 10 V verwendet werden. Bemerkenswert ist, daß bei sehr kleinen Spannungen am Gleichrichter der Durchlaß- und der Sperr-Strom sich nur wenig voneinander unterscheiden, ein Umstand, der, wie später noch besprochen werden wird, unter anderem auch die Empfindlichkeit und den Skalenverlauf des Meßinstrumentes beeinflußt.

Aus der Strom-Spannungs-Kennlinie nach Abb. 6 a kann nun Punkt für Punkt einfach nach dem Ohmschen Gesetz ($R = U/J$) der *Durchlaßwiderstand* R_D und der *Sperrwiderstand* R_S berechnet und die *Strom-Widerstands-Kennlinie* nach Abb. 6 b gezeichnet werden. Man erkennt, daß der Widerstand des Gleichrichters stromabhängig ist. Mit wachsendem Strom, bezw. mit steigender Spannung an seinen Klemmen nimmt der Widerstand ab.

Es soll erwähnt werden, daß der innere Widerstand in der Durchlaß- und in der Sperrichtung von der Dicke der Kupferoxydulschichte und seinen Beimengungen abhängig ist und selbst an sich mit der Gleichrichtung nichts zu tun hat.

Nimmt man den ganz einfachen Fall an, daß ein einzelnes Ventil mit einem Drehspul-Milliamperemeter in Serie geschaltet wird, dessen Widerstand gegenüber dem Gleichrichterwiderstand vernachlässigbar klein ist, und daß an diese Serienschaltung eine sinusförmige Wechselspannung von einigen Zehntel Volt angelegt wird, so kann man mit Hilfe der Strom-Spannungs-Kennlinie nach Abb. 6 a für jeden einzelnen Momentanwert der Spannung U nach Abb. 7 die Kurve des Stromes durch die Zelle und das Meßwerk aufzeichnen. Man sieht, daß die Kurve auch für die Durchlaßrichtung sehr stark von der Sinusform abweicht. Aus der Strom-Widerstandskurve nach Abb. 6 b erhält man auch die für die einzelnen Momentanwerte des Stromes entsprechenden Widerstandswerte. Man kann also beim Gleichrichter weder mit einem konstanten Widerstand, noch mit einer linearen Abhängigkeit des Widerstandes vom Strom rechnen.

In der geschilderten einfachen Schaltung soll, wie oben erwähnt, die angelegte Spannung nicht den Wert des Spannungsabfalles übersteigen, der nach Abb. 6 a dem $\sqrt{2}$-fachen Nenn-Durchlaß-Strom entspricht, weil sonst der Gleichrichter nicht mehr einwandfrei arbeitet. Beim Kupferoxydulgleichrichter ist lediglich eine Spannung von einigen Zehntel Volt zulässig. Dieser Wert liegt noch wesentlich unter der *maximalen zulässigen Sperr-Spannung*, bei der der Gleichrichter in der Sperr-Richtung durchschlägt. Diese beträgt beim Kupferoxydulgleichrichter einige

Volt pro Ventil. Beim Selengleichrichter liegt die maximal zulässige Sperr-Spannung viel höher als beim Kupferoxydulgleichrichter, allerdings ist der Durchlaßwiderstand dieses Gleichrichters auch um ein Vielfaches höher als beim Kupferoxydulgleichrichter.

Durch das mit dem Gleichrichter in Serie liegende Drehspulinstrument fließt, wie aus Abb. 6 zu entnehmen ist, in der einen Richtung der Durchlaß-Strom I_D und in der entgegengesetzten

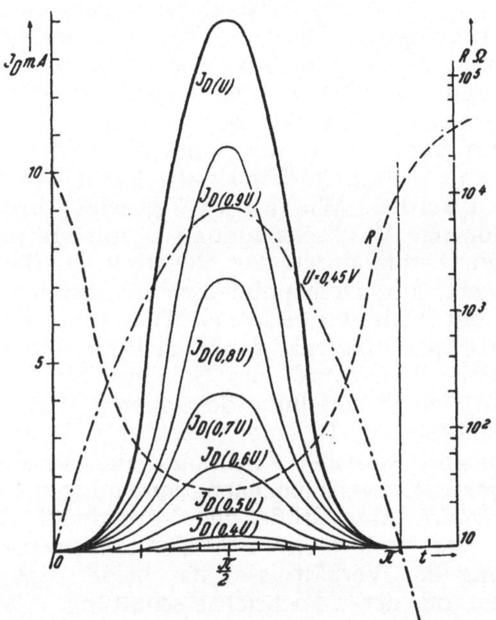

Abb. 7. Stromkurve bei sinusförmiger Spannung am Gleichrichter.

Richtung der Strom I_S, der hier sinngemäß „*Rückstrom*" oder „*Verluststrom*" genannt wird. Die Differenz der beiden Ströme fließt also durch die Drehspule. Das Instrument zeigt den arithmetischen Mittelwert an.

Selbstverständlich ist die beschriebene einfache Schaltung noch nicht als Spannungsmesser für kleine Spannungen geeignet, weil sich sowohl der Durchlaß- und der Sperr-Widerstand des Gleichrichters, als auch der Ohmsche Widerstand der Drehspulwicklung mit der Temperatur ändert. Während der Widerstand der Drehspulwicklung linear um etwa 0,4% pro 1° C ansteigt, sinkt der Durchlaß- und der Sperrwiderstand mit steigender Temperatur, und zwar nicht linear, verschieden in der Durchlaß-

und Sperr-Richtung, in Abhängigkeit von der Strombelastung und schließlich in nicht sehr engen Grenzen individuell bei jeder Gleichrichtertype und jedem einzelnen Ventil. So beträgt z. B. der *Temperaturkoeffizient des Gleichrichterwiderstandes* des Kupferoxydulventiles zwischen + 10 ... + 30° C etwa — 15% pro + 10° C, der des Selenventiles etwa — 8% pro + 10° C, in beiden Fällen bei der Nennstromstärke. Trotz des hohen Temperaturfehlers wird der Kupferoxydulgleichrichter, wegen seines geringen inneren Widerstandes und der somit höheren Spannungsempfindlichkeit bei gleicher Strombelastung, im allgemeinen dem Selengleichrichter vorgezogen. Über die Temperaturabhängigkeit der Gleichrichter und die Kompensation des Temperaturfehlers soll in einem späteren Kapitel berichtet werden. Im Zusammenhang mit dem Vorangegangenen soll zunächst die Abhängigkeit des Meßwerkstromes von der an die einfache Serienschaltung von Gleichrichter- und Drehspulmeßwerk angelegten Wechselspannung kurz besprochen werden. Wie in Abb. 7 gezeigt wurde, ergibt sich für eine sinusförmige Wechselspannung U mit einem bestimmten Effektivwert ein Strom durch das Meßwerk I_D, dessen arithmetischer Mittelwert vom Drehspulmeßwerk angezeigt wird. Auch für die Kurve der Änderung des Gleichrichterwiderstandes R mit der angelegten Spannung kann ein arithmetischer Mittelwert, meist als „*innerer Widerstand*“ des Gleichrichters bezeichnet, bestimmt werden. Die Feststellung des inneren Widerstandes einer Gleichrichterschaltung, z. B. einer *Graetz*schen Brückenschaltung, wie sie später noch besprochen wird, kann auch praktisch erfolgen, indem man bei zwei verschiedenen Spannungen, bei gleichem Strom im Meßwerk, die Größe der Vorwiderstände bestimmt. Die Differenz der festgestellten Widerstandswerte gibt unter Berücksichtigung des Verhältnisses der beiden Spannungen den inneren Widerstand der Gleichrichterschaltung. Wird nun die Wechselspannung dem Effektivwert und der Amplitude nach linear verändert, z. B. in zehn gleichmäßigen Stufen vermindert, und für jeden einzelnen Fall die Kurven für I_D und R und deren Mittelwerte bestimmt, so sieht man, daß sich I_D nicht linear vermindert, sondern anfangs zunächst stärker und bei geringerer Spannung immer weniger. Die Ursache dieser Erscheinung ist eben die nicht lineare Widerstandsänderung. Wird der vom arithmetischen Mittelwert des Stromes abhängige Zeigerausschlag des Meßwerkes in Einheiten des Effektivwertes der angelegten Wechselspannung geeicht, dann erhält man also nicht mehr eine proportionale Teilung, wie sie für das Drehspulwerk für Gleichstrom charakteristisch ist, sondern eine verzerrte, am Anfang gedrängte Skala (Abb. 8). Dieser Skalenverlauf ist mit wenigen Ausnahmen in der Regel charakteristisch für das Gleichrichter-Meßgerät. Das Maß dieser *Skalenverzerrung* hängt, wie später noch erläutert werden wird, nicht nur von der Größe der

Vor- und Nebenwiderstände des Meßgerätes, sondern in erster Linie natürlich von der Größe des Gleichrichter-Widerstandes selbst ab, der auch bei Gleichrichtern gleicher Type erheblich streut. Der Durchlaß- und Sperr-Widerstand und damit Durchlaß- und Rückstrom streut, weil die Oxydulflächen nach Größe und Qualität bei den kleinen Dimensionen naturgemäß verschieden ausfallen. Bei jedem Gleichrichtermeßgerät ist aus diesem Grunde eine individuelle Eichung notwendig, wenn man die übliche Meßgenauigkeit von etwa ± 1,5% erreichen will.

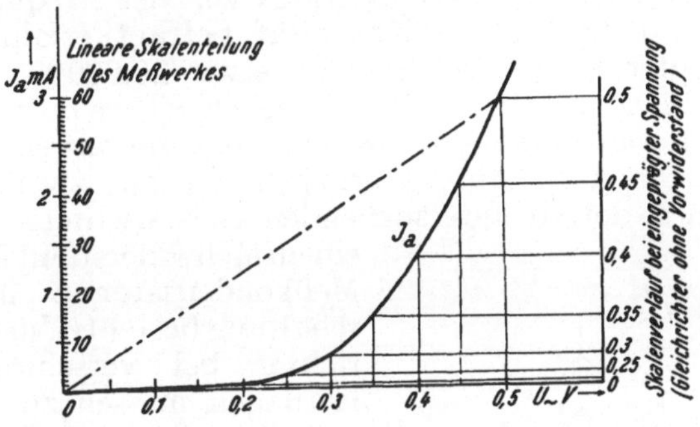

Abb. 8. Skalenverzerrung.

Neben der Abhängigkeit des inneren Widerstandes von der Temperatur sind auch noch Änderungen der Gleichrichterkennlinie zu berücksichtigen, die sich unter ungünstigen äußeren Bedingungen ergeben. Dauernde Veränderungen des inneren Widerstandes ergeben sich, wenn der Gleichrichter längere Zeit einer sehr heißen oder feuchten Atmosphäre ausgesetzt ist, nach höheren Überlastungen um ein Vielfaches des Nennstromes oder bei Überlastungen bis knapp vor dem Durchschlag. Allerdings sind diese Veränderungen gering und sind nur mit einer geringen Erhöhung des Verluststromes, bezw. mit einer einige Zehntel Prozent betragenden Verminderung der Anzeige des Meßgerätes verbunden. Die Betriebstemperatur des Gleichrichters soll möglichst 45° C nicht übersteigen. Erst Temperaturen über 70° C verursachen schädliche und bleibende Veränderungen. Durch den Einbau in dicht schließende Isoliergehäuse und durch besondere Oberflächenbehandlung werden vor allem die kleinen Meßgleichrichter gegen den Einfluß feuchter Atmosphäre so geschützt, daß sie auch in den Tropen verwendet werden können.

Im Zusammenhang mit den Einflüssen auf den inneren Widerstand ist auch die Alterung, also die Änderung des inneren Widerstandes nach sehr langer Betriebsdauer zu erwähnen. Es ist jedoch darauf hinzuweisen, daß im allgemeinen heute die Meßgleichrichter schon von den Herstellerfirmen einer künstlichen

Alterung unterzogen werden, so daß nachträglich eine Änderung nicht mehr zu erwarten ist.

Während die Temperaturabhängigkeit und die Skalenverzerrung eines Gleichrichtermeßgerätes, für die also der innere Widerstand des Gleichrichters maßgebend ist, und wie im späteren noch genauer besprochen werden wird, dieser Widerstand auch den minimalen Spannungsabfall bei der Verwendung von Nebenwiderständen für die Messung höherer Stromstärken bestimmt, gilt die *Kapazität des Gleichrichters* als die Ursache für die Abhängigkeit der Anzeige des Meßgerätes von der Frequenz der angelegten Spannung. Diese Kapazität beträgt erfahrungsgemäß bei den Kupferoxydulgleichrichtern etwa 20.000 ... 25.000 pF pro 1 cm² Plattenfläche, bei den Selengleichrichtern etwa das Doppelte. Die Bestimmung der Kapazität kann mit einer Wechselstrommeßbrücke nach Abb. 9 erfolgen, die aus zwei Vergleichswiderständen *r*, der zu untersuchenden Gleichrichteranordnung *G*, einem Meßwiderstand *R* und einem Meßkondensator *C* in Parallelschaltung besteht. Um den Gleichrichter bei verschiedenen Belastungen messen zu können, ist es notwendig, zwei Gleichrichterventile mit entgegengesetzter Durchlaßrichtung parallel zu schalten. Die Spannung am Eingang der Brücke wird mit einem Spannungsteiler *T* verändert und der gewünschte Strom im Gleichrichter eingeregelt. Die an die Brücke angelegte Wechselspannung soll möglichst oberwellenfrei, die Frequenz möglichst konstant sein. Im Nullzweig der Brücke liegt ein Verstärker *V* mit einem Nullinstrument *N*. *R* und *C* werden solange verändert, bis das Nullinstrument stromlos ist. Geringe Veränderungen des Ausschlages des Milliamperemeters werden bei sukzessiver Nachstellung von *R* und *C* eventuell durch Veränderung von *T* nachgeregelt.

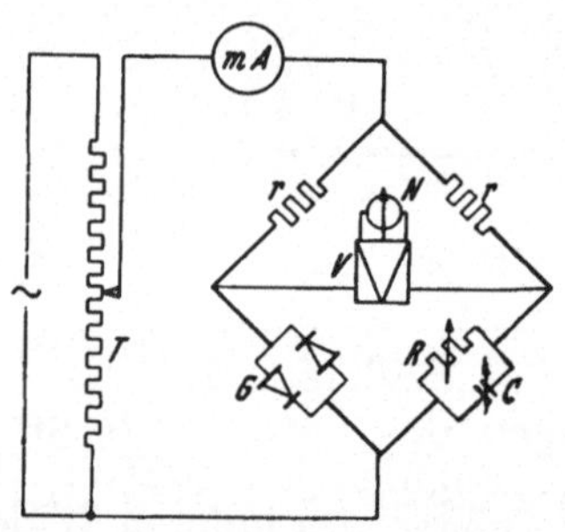

Abb. 9. Wechselstrom-Meßbrückenschaltung zur Bestimmung des inneren Widerstandes und der Kapazität einer Gleichrichteranordnung.

Die Einstellung von *R* ergibt unmittelbar den Wert des inneren Widerstandes, die Einstellung von *C* die Kapazität eines Gleichrichterventiles. Trägt man die gemessenen Werte in Abhängigkeit des Stromes durch den Gleichrichter auf, so erhält man die in Abb. 10 gezeichneten Kurven. Man sieht, daß bei Nennstrom, also bei dem größten zulässigen Strom durch den Gleichrichter der Widerstand *R* kleine Werte annimmt, während die Kapazität *C* über einen bestimmten Belastungsbereich verhältnismäßig konstant ist. Beide Werte ergeben unter Berücksichtigung der

Parallelschaltung den Eingangsscheinwiderstand Z des Gleichrichters aus:

$$\frac{1}{Z} = \sqrt{\left(\frac{1}{R}\right)^2 + (\omega C)^2}.$$

Errechnet man den Wert von Z für verschiedene Frequenzen, bei Nennstrom und bei kleineren Strömen, so sieht man, daß die Frequenz, bei der sich Z nur um einen bestimmten Wert, z. B. um 1,5 %, gegenüber dem Wert bei niedriger Frequenz ändert, mit dem Strom ansteigt. Man wird also ein Trockengleichrichtermeßgerät im allgemeinen dann für höhere Frequenzen verwenden können, wenn der Gleichrichter möglichst mit seinem Nennstrom belastet wird. Zur Berechnung des *Frequenzfehlers*, also der Abhängigkeit der Anzeige des Meßwerkes von der Frequenz der angelegten Spannung, kann die obige Formel nicht ohne weiteres verwendet werden. Sie gibt jedoch unter Umständen Aufschluß über die Verwendbarkeit eines Gleichrichters in einer bestimmten Schaltung und über den Einfluß des Gleichrichterwiderstandes auf den Gesamtscheinwiderstand im Meßkreis.

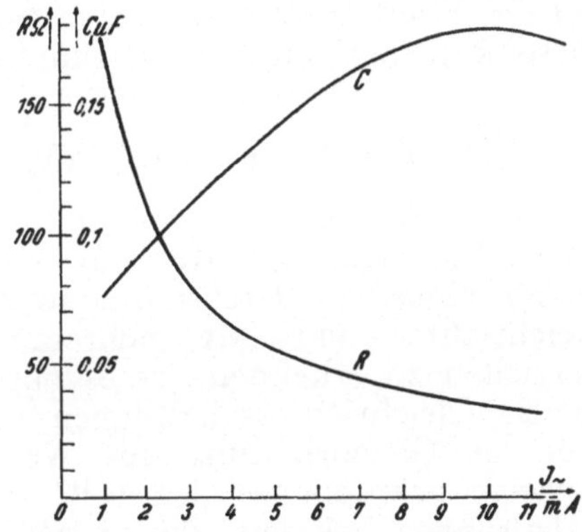

Abb. 10. Stromabhängigkeit des Widerstandes und der Kapazität eines 10 mA-Gleichrichterventiles.

Zur Bestimmung des Frequenzeinflusses auf die Anzeige des Gleichrichtermeßgerätes, muß man wieder den Einfluß für jede Halbwelle in der Durchlaß- und Sperrichtung getrennt betrachten. Während der Durchlaßwiderstand bekanntlich klein ist und die Kapazität des Gleichrichters in der Durchlaßrichtung also praktisch vernachlässigt werden kann, ist der Anteil des kapazitiven Stromes in der Sperrichtung beträchtlich. Mit steigender Frequenz nimmt der aus Sperrwiderstand und parallelgeschalteter Kapazität zusammengesetzte Scheinwiderstand ab und der Rückstrom steigt an. Da dieser gegenüber dem Durchlaßstrom in entgegengesetzter Richtung die Drehspule durchfließt, vermindert sich die Anzeige des Meßgerätes mit steigender Frequenz. Ein z. B. bei 50 Hz geeichtes Gleichrichterinstrument mit einer einfachen Gleichrichterschaltung und nur mit einem nicht zu hohen Vorwiderstand, als Spannungsmesser für Spannungen von einigen Volt, ergibt also bei hoher Frequenz zu niedrige Ablesungen. Wird dagegen eine etwas verwickeltere Schaltung mit Neben-

und Vorwiderständen zusammengestellt, z. B. ein Vielfachmeßgerät mit höheren Spannungsbereichen, dann beeinflussen die Zeitkonstanten der Widerstände und die Schaltkapazitäten parallel zu den Vorwiderständen die Anzeige des Meßwerkes.

Die Temperatur- und Frequenzabhängigkeit scheinen zunächst im wesentlichen jene beiden Größen zu sein, die den Aufbau einer Gleichrichterschaltung und, in Verbindung mit einem Meßgerät, ihre praktische Verwendbarkeit festlegen. Es ist daher notwendig, bei der Wahl einer bestimmten Schaltung den Einfluß vor allem dieser beiden Größen zu bestimmen.

III. Gleichrichterschaltungen. Meßzweig.

Da es sich darum handelt, in erster Linie die Eigenschaften eines Vielfachmeßgerätes für Gleich- und Wechselstrom, mit einem einfachen Drehspulmeßwerk, sowie mit einem Trockengleichrichter und mit mehreren Strom- und Spannungsmeßbereichen zu erkennen, ist es notwendig, sich über die verschiedenen Gleichrichterschaltungen ein klares Bild zu verschaffen. Für die Gleichrichtung des Wechselstromes, dessen Größe zur Anzeige gebracht werden soll, sind verschiedene grundsätzliche Schaltungen bekannt, die in Abb. 11 zusammengestellt sind.

Die Halbwellenschaltungen nach Abb. 11 a und b kommen lediglich für Versuchsanordnungen in Betracht, weil sie hohe Oberwellenabhängigkeit zeigen und die Ausnützung nur einer Halbwelle ein empfindlicheres Meßwerk erfordert. Schließlich sind mit diesen Schaltungen auch kleine Strom- und Spannungsmeßbereiche nur schwer zu erhalten. Es besteht, wie in Abb. 11 a angedeutet ist, die Möglichkeit, bei beiden Schaltungen mit Hilfe eines, zu dem aus Gleichrichter und Meßwerk bestehenden Meßzweiges parallel geschalteten Stufennebenwiderstandes, die Schaltung zur Messung höherer Stromstärken und mit Hilfe eines Stufenvorwiderstandes zur Messung höherer Spannungen zu verwenden. Im letzteren Fall muß allerdings bei der Schaltung nach Abb. 11 a der Nebenwiderstand eingeschaltet bleiben, damit die zweite Halbwelle durch den Nebenwiderstand abfließen kann. Um den Einfluß der Änderung des Gleichrichterwiderstandes mit der Temperatur zu kompensieren, ist es notwendig, in den Meßzweig einen temperaturabhängigen Widerstand, z. B. aus Kupfer, entsprechender Größe, einzuschalten. Es soll hier bemerkt werden, daß wie in Abb. 11 b, auch bei den übrigen Gleichrichterschaltschemen nur der eigentliche Meßzweig eingezeichnet ist. Zu erwähnen ist auch noch, daß bei der Serienschaltung nach Abb. 11 a der durch das Meßwerk fließende Gleichstrom auch durch den äußeren Widerstand des Meßobjektes fließen muß. Liegt im äußeren Kreis z. B. ein Kondensator, dann entsteht überhaupt kein Ausschlag am Instrument.

Die ersten brauchbaren Meßinstrumente wurden unter Anwendung der bekannten *Graetz*-Schaltung aufgebaut. Das Drehspulmeßwerk liegt nach Abb. 11 c in der Diagonale einer aus vier Ventilen gebildeten Brückenschaltung. Es ist wichtig, hier schon darauf hinzuweisen, daß besonders beim Anlegen einer

Halbwegschaltungen.

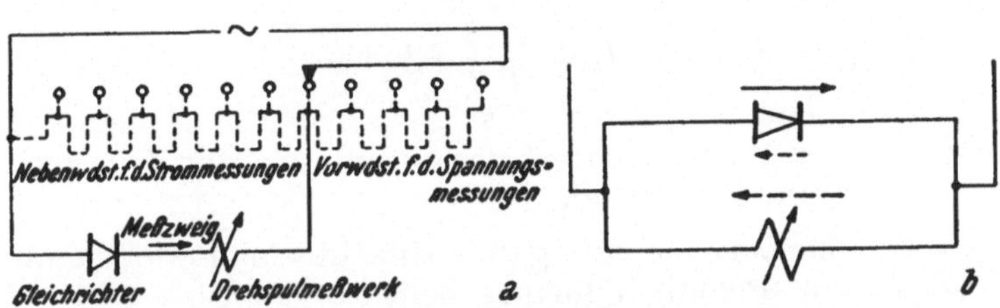

Vollwegschaltungen

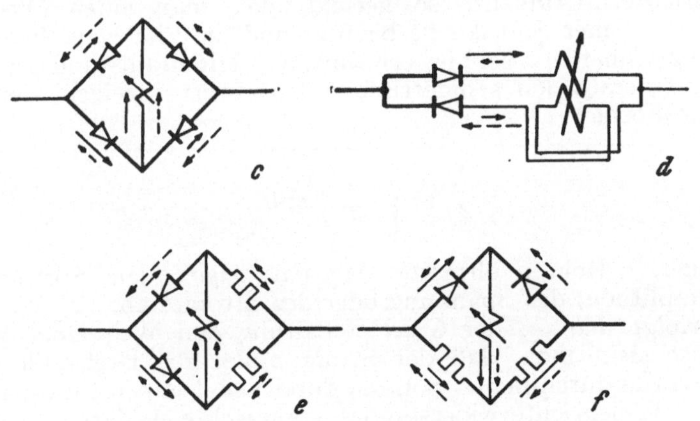

Abb. 11. Gleichrichterschaltungen.
a Serienschaltung; *b* Parallelschaltung;
c *Graetz*-Schaltung; *d* mit Doppeldrehspulmeßwerk;
e Brückenschaltung mit Serien-Ersatzwiderständen;
f Brückenschaltung mit Parallel-Ersatzwiderständen.

höheren Spannung an die Gleichrichterschaltung mit ihrem vorgeschalteten Widerstand, die Gleichstromseite nicht unterbrochen werden darf, da sonst nahezu die volle Spannung am Gleichrichter liegt, die Gleichrichterschichte durchgeschlagen und der Gleichrichter damit unbrauchbar werden kann.

Eine solche Gleichrichterverbindung in Vollwegschaltung hat die Eigenschaft beide Halbwellen einer elektrischen Schwingung in gleicher Richtung durch das angeschlossene Meßinstrument zu leiten, so daß dieses Impulse von der doppelten Frequenz der Ursprungsschwingung erhält. Liegt die Dauer eines solchen Impulses genügend weit unterhalb der Eigenschwingungsdauer des Drehsystems im Instrument, so wird der Zeiger in einem Winkel abgelenkt, der dem arithmetischen Mittel aus den Augenblickswerten einer Halbperiode proportional ist. Der arithmetische Mittelwert J_a des Meßwerkstromes errechnet sich aus der Formel:

$$J_a = \frac{1}{T}\int_0^T i\,dt,$$

wobei i... der Momentanwert des Stromes in der Zeit nach Beginn der Periode,

T... die Zeit für eine ganze Anzahl von Perioden und

dt... ein unendlich kleines Zeitintervall ist.

Da man aber gewohnt ist, Wechselströme nach deren geometrischen Mittelwerten (Effektivwerten) zu messen, werden die Gleichrichterinstrumente so geeicht, daß man einen Wechselstrom mit reiner Sinuskurve benutzt und die Skalen in Effektivwerten zeichnet. Es sei hier erwähnt, daß Hitzdraht- und Thermoumformergeräte den geometrischen Mittelwert anzeigen, der sich aus der Formel:

$$J_e = \sqrt{\frac{1}{T}\int_0^T i^2\,dt}$$

errechnet. Röhrenvoltmeter dagegen zeigen den Spitzenwert (die Amplitude) der Spannung oder des Stromes an.

Verfolgt man in der *Graetz*-Schaltung den Weg einer Halbwelle, so sieht man, daß der Strom außer die Drehspule noch zwei Ventile durchfließt. Soll die durch die Temperaturabhängigkeit des Gleichrichterwiderstandes verursachte Änderung des gesamten Widerstandes, etwa eines Spannungsmessers, vernachlässigbar klein sein, bezw. innerhalb der geforderten Meßgenauigkeit liegen, dann muß der Vorwiderstand, der gewöhnlich aus temperaturunabhängigem Material (Manganin oder Konstantan) ist, einen entsprechend vielfachen Wert des Ohmschen Widerstandes des Gleichrichters besitzen. Für die Erreichung kleiner und kleinster Spannungsmeßbereiche ist durch diese Tatsache eine Grenze gezogen. Der kleinste erreichbare Spannungsmeßbereich ist damit zugleich maßgebend für den Spannungsabfall eines Nebenwiderstandes für Strommessungen. Für Spannungsmesser mit einigen wenigen Meßbereichen kann eventuell der Temperaturgang des Gleichrichterwiderstandes durch temperaturabhängige Vorwiderstände mit entgegengesetztem Verhalten kompensiert werden. Eine strenge Auswahl der Gleichrichter und individuelle Bestimmung der Temperaturschaltung ist hierbei notwendig, weil die einzelnen Ventile in dieser Schaltung bei verschiedenen Spannungs-, bezw. Strombelastungen wesentlich andere, mit der Temperatur ansteigende, bezw. abnehmende Widerstandswerte besitzen können. Um nun einerseits die Temperaturabhängigkeit der Anzeige der Meßinstrumente in den gewählten Schaltungen so weit als möglich zu verringern, andererseits auch möglichst niedere Spannungsmeßbereiche und niederen Spannungsabfall für die Strommeßbereiche zu erhalten, wie dies besonders für Messungen in der Schwachstromtechnik notwendig ist, hat man Brückenschaltungen aufgebaut, bei denen nur je ein Ventil in jedem Halbwellenstromkreis liegt, also im ganzen nur zwei Ventile verwendet werden. Außer der Verminderung des temperaturabhängigen Gleichrichterwiderstandes vermindert sich aber auch die im Meßkreis liegende Kapazität, wodurch die Frequenzabhängigkeit ebenfalls reduziert wird. Aus der Serienschaltung von Ventil und einfachem Drehspulmeßwerk nach Abb. 11 a erhält man durch Parallelschaltung eines zweiten Ventiles mit vertauschten Klemmen in Serie mit einer zweiten, im verkehrten Richtungssinn gegen die erste gewickelte Drehspule, die in Abb. 11 b angegebene Schaltung. Obwohl diese Anordnung in elektrischer Hinsicht den gestellten Bedingungen voll entspricht und den Vorteil der Symmetrie bezüglich der beiden Halbwellen hat, wird sie von den Herstellerfirmen wegen des etwas teureren Aufbaues des Doppeldrehspulmeßwerkes im allgemeinen wenig benützt. Geeignete Schaltungen, die in verschiedener Weise für die praktische Verwendung entwickelt wurden und die oben angeführten Forderungen erfüllen, werden in Abb. 11 e und f gezeigt.

Die Schaltung nach Abb. 11 e wird an Stelle der *Graetz*-Schaltung immer mehr und mehr verwendet. Verfolgt man den Weg einer Halbwelle, so sieht man, daß nur ein Teil des Durchlaßstromes durch das Meßwerk fließt. Die Schaltung entspricht jedoch der obigen Forderung und hat den grundsätzlichen Vorteil, daß der Strom nur ein Ventil zu passieren hat, an Stelle von zwei in Serie geschalteten Ventilen bei der *Graetz*-Schaltung, wodurch der Anteil des temperaturabhängigen Gleichrichterwiderstandes an dem Gesamtwiderstand auf die Hälfte herabgesetzt wird und durch einen konstanten Widerstand oder durch einen mit der Temperatur ansteigenden Widerstand ersetzt werden kann. Bei günstiger Dimensionierung der beiden Vergleichswiderstände und des Widerstandes des Drehspulmeßwerkes ist diese Anordnung jedoch bezüglich Gütegrad und Wirkungsgrad vollkommen der Schaltung mit dem Doppelmeßwerk gleichwertig. Sie hat also den Vorzug, daß sie geringen temperaturabhängigen Gleichrichterwiderstand und geringe Gleichrichterkapazität aufweist und kann demnach als die günstigste Schaltung zur Verwendung für Vielfachmeßgeräte angesprochen werden. Im späteren wird auf die Eigenschaften dieser Schaltung noch näher eingegangen. Die für Spannungsmessungen hauptsächlich vorgeschlagene Schaltung nach Abb. 11 f hat sich für Vielfachmeßgeräte nicht eingeführt, weil sie im allgemeinen gegenüber der Schaltung nach Abb. 11 e den Nachteil hat, daß der Temperaturfehler durch einfaches Vorschalten eines temperaturabhängigen Widerstandes nicht ohne weiteres vermindert oder kompensiert werden kann.

Zu erwähnen ist noch, daß die Vollweg-, gegenüber den Halbwegschaltungen den Vorteil haben, daß sie symmetrisch aufgebaut sind, so daß auch Messungen von Wechselströmen mit verschieden stark verzerrten Halbwellen unter gewissen Voraussetzungen noch brauchbare Ergebnisse zeigen. — Andere Gleichrichterschaltungen, wie Gegentaktschaltungen usw. haben bei Vielfachmeßgeräten keine allgemeine Verwendung gefunden.

IV. Einfache Trockengleichrichter-Strom- und Spannungsmesser.

1. Eingeprägte Spannung. Spannungsgleichrichtung.

Ebenso wie im Falle der einfachen Serienschaltung eines einzigen Ventiles und eines Drehspulmeßwerkes, bei Anlegen an eine kleine sinusförmige Wechselspannung nach Abb. 7, im Meßwerk ein stark verzerrter Strom fließt, trifft dies auch dann zu, wenn unter Benützung der Schaltung nach Abb. 11 e eine kleine sinusförmige Wechselspannung gemessen werden soll. Auch nach Vorschaltung eines Widerstandes *r* entsprechender Größe, nach Abb. 12, der nur so hoch gewählt wird, daß hiedurch der Temperaturfehler der Anordnung kompensiert wird, fließt ein Strom im Meßwerk, der sich pro Periode der Wechselspannung aus zwei Halbwellen zusammensetzt und deren Flanken je nach dem Widerstandsverhältnis mehr oder weniger stark eingedrückt sind, wie dies für die positive Halbwelle bereits in Abb. 7 gezeigt wurde. Man spricht in einem solchen Fall, bei dem also die Form der Spannungskurve an den Klemmen *A* und *B* des Meßkreises gegeben ist, von „eingeprägter Spannung". bezw. von „Spannungsgleichrichtung". Es wurde auch bereits gezeigt, daß sich dabei eine stark verzerrte, am Anfang gedrängte, also nahezu quadratische Skala des Meßwerkes ergibt. Der Fall der eingeprägten Spannung ist auch gegeben, wenn zur Messung größerer Ströme, ein niederohmiger Stufennebenwiderstand an *A* und *B* angeschaltet

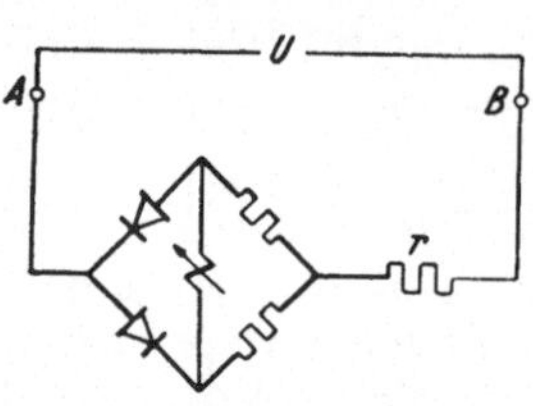

Abb. 12.
Eingeprägte Spannung.

wird. Je höher der Anteil des Gleichrichterwiderstandes zum Gesamtwiderstand ist, der sich aus dem Widerstand des Meßwerkes, des Gleichrichters und aus dem Vorwiderstand zusammensetzt, desto größer ist die Skalenverzerrung.

Es scheint wichtig darauf hinzuweisen, daß bei Spannungsmessern mit niederen Meßbereichen, also bei eingeprägter Spannung, der vom durchgehenden Strom stark abhängige Gleichrichterwiderstand einen großen Anteil an dem Gesamtwiderstand hat und durch einfaches Vorschalten von Widerständen nicht ohne weiteres höhere Spannungsmeßbereiche gebildet werden können. Ebenso ist bei der Messung kleinerer Spannungen in hochohmigen Kreisen Vorsicht geboten, wie etwa bei Brückenschaltungen, Dämpfungsmessern oder anderen Vierpolen.

2. Eingeprägter Strom. Stromgleichrichtung.

Wesentlich anders liegen die Verhältnisse, wenn die Gleichrichterschaltung als Strommesser, vorzugsweise als Milliamperemeter geeicht wird. Gewöhnlich wird die Eichung so vorgenommen, daß an die Gleichrichterschaltung mit einem sehr hohen Vorwiderstand R nach Abb. 13 eine Spannung U angelegt wird, die so groß ist, daß der Strom J aus:

$$J = \frac{U}{R + R_i}$$

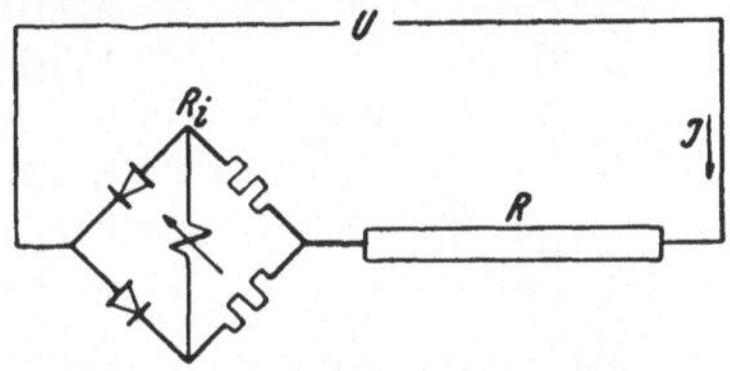

errechnet werden kann, wobei R_i der innere Widerstand der Gleichrichterschaltung ist. Die Änderung von R_i mit der Strombelastung ist gegen R so gering, daß sie im allgemeinen vernachlässigt werden kann. Wenn der zeitliche Verlauf der Spannung sinusförmig ist, dann ist wegen des praktisch konstanten Widerstandes auch der Strom sinusförmig. Man spricht daher in diesem Fall von „eingeprägtem Strom", bezw. von „Stromgleichrichtung" und es ergibt sich ein linearer Verlauf der Meßwerksskala.

Abb. 13. Eingeprägter Strom.

Man kann ein auf solche Weise geeichtes Milliamperemeter mit einem geeigneten höheren Vorwiderstand ohne weiteres als Voltmeter verwenden. Der Vorwiderstand kann jedoch, um kleine Spannungsbereiche zu erhalten, nicht ohne weiteres verkleinert, sondern darf nur wie erwähnt soweit vermindert werden, als die Änderung des Gleichrichters mit der Strombelastung gegen den Gesamtwiderstand vernachlässigt werden kann. Kleine Spannungsmeßbereiche entsprechen eben dem Fall, wie er oben bei der eingeprägten Spannung besprochen wurde. Das mit eingeprägtem Strom geeichte Milliamperemeter kann auch nur in höherohmigen Meßkreisen verwendet werden, wie dies ja im allgemeinen auch der Fall ist.

Es soll jetzt schon erwähnt werden, daß bei der Eichung eines Trockengleichrichtergerätes mit eingeprägtem sinusförmigem Strom, also bei einer Eichung mit Hilfe eines in Effektivwerten des Stromes geeichten Vergleichsinstrumentes durch das Drehspulmeßwerk zwei unverzerrte Halbwellen fließen, deren arithmetischer Mittelwert angezeigt wird. Der Effektivwert und der arithmetische Mittelwert stehen für die reine Sinusform in einem Verhältnis $f = \frac{\pi}{2\sqrt{2}} = 1{,}11$, welcher Wert als „Formfaktor" bekannt ist. Demnach wird in diesem Fall, allerdings unter Vernachlässigung des Rückstromes, bei einem eingeprägten sinusförmigen Wechselstrom von 1 mA, ein Gleichstrom von etwa 0,9 mA angezeigt.

3. Spannungstransformator.

Um Voltmeter für niedrige Spannungen zu erhalten, die wesentlich weniger von den Widerstandsänderungen des Trockengleichrichters mit der Temperatur und Belastung abhängig sind und deren niederster Meßbereich nicht durch den inneren Widerstand des Gleichrichters begrenzt ist, wird oft ein Spannungstransformator nach Abb. 14 angewendet, der eventuell für mehrere Spannungsmeßbereiche mit mehreren primären Anzapfungen versehen ist. Die Spannung kann genügend hoch transformiert werden und auf der Sekundärseite des Transformators ein Voltmeter mit höherem Vorwiderstand, also ein mit eingeprägtem Strom geeichter Spannungsmesser verwendet werden. Allerdings steigt gleichzeitig der Stromverbrauch auf der Primärseite beträchtlich an.

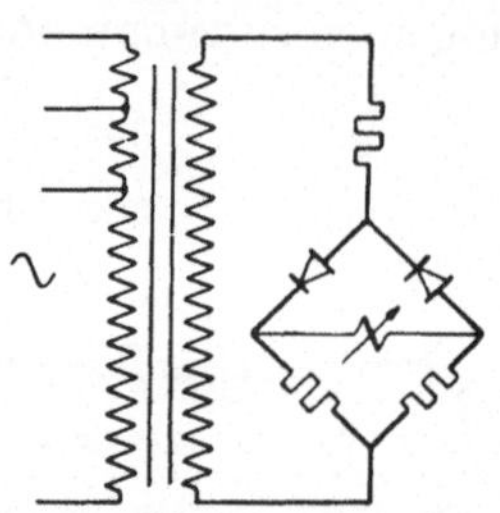

Abb. 14. Wechselstrom-Voltmeter mit Spannungswandler zur Messung niederer Spannungen.

4. Stromtransformator.

Wie bereits oben erwähnt, werden höhere Strommeßbereiche durch Parallelschaltung von Nebenwiderständen zu einem mit eingeprägter Spannung geeichten Millivoltmeter erhalten. Der Spannungsabfall und der Leistungsverbrauch an diesen Widerständen ist wieder bestimmt durch die Höhe des aus Gleichrichterwiderstand und Vorwiderstand zur Temperaturkompensation bestehenden Gesamtwiderstandes des Meßzweiges.

Um diesen Verbrauch herabzusetzen, kann man auch einen Stromtransformator nach Abb. 15 verwenden, der für mehrere Strommeßbereiche mit primären Anzapfungen versehen sein kann.

Gegenüber dem Vorteil des geringen Verbrauches, des Fortfalles der Nebenwiderstände, stets guter Skalendeckung und bedeutender Erweiterung des Meßbereiches nach unten, bei der Verwendung von Strom- und Spannungstransformatoren, ergibt sich der Nachteil, daß die Herstellungskosten solcher Geräte etwas verteuert werden, obwohl die Transformatoren mit sehr kleinen Dimensionen ausgeführt werden können, und daß die Instrumente für Messungen bei höheren Frequenzen meist nicht geeignet sind, weil sich die Kapazitäten der Transformatorwicklung störend bemerkbar machen. Durch Unterteilung kann man eine kapazitätsarme Wicklung aufbauen und kann damit den Frequenzbereich noch etwas erweitern, doch ist eine solche Lösung kostspielig. Ein weiterer Nachteil dieser Meßgeräte mit Transformatoren, der bei der praktischen Verwendung eine Rolle spielt, ist der, daß der Eingangswiderstand im wesentlichen induktiv, also frequenzabhängig ist und seine Größe nicht einfach angegeben werden kann. Durch diese Induktivität kann in manchen Fällen der äußere Stromkreis beeinflußt werden.

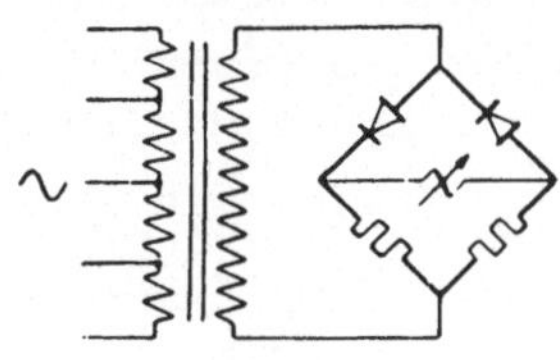

Abb. 15. Wechselstrom-Amperemeter mit Stromwandler zur Messung höherer Ströme.

5. Ersatzschaltbild für das Temperatur- und Frequenzverhalten.

Die weiteren Untersuchungen beschränken sich auf Gleichrichtermeßgeräte, die nur reine Ohmsche Widerstände im Meßzweig und solche, als Vor- und Nebenwiderstände enthalten. Da, wie erwähnt, die charakteristischen Eigenschaften dieser Geräte in erster Linie von ihrem Verhalten bei Temperatur- und Frequenzänderungen bestimmt werden, ist es notwendig, die gesamte Schaltung dahingehend zu untersuchen. Dies wird wesentlich erleichtert, wenn man zunächst für eine Halbwelle versucht, für die meist etwas verwickelten Schaltungsgebilde ein einfaches und anschauliches Ersatzschaltbild, getrennt für das Temperatur- und Frequenzverhalten, zu entwerfen.

Ein genügend genaues *Ersatzschaltbild für das Temperaturverhalten* erhält man aus dem Widerstandsbild für eine Halbwelle nach Abb. 16 a, z. B. für die in Abb. 11 c gezeigte *Graetz-Schaltung*, durch folgende Überlegung. Die durch die Sperrwiderstände R_S fließenden Rückströme sind gegenüber den durch die Durchlaßwiderstände R_D und durch den Meßwerkswiderstand R_M fließenden Durchlaßstrom sehr klein und betragen bei Nennstrom meist weniger als 1% des Durchlaßstromes. Jeder der beiden Sperrwiderstände bewirkt also eine kleine Verminderung des Stromes durch das Meßwerk, die größenordnungsmäßig auch durch einen einzigen Sperrwiderstand der halben Größe bewirkt werden kann, wie dies in Abb. 16 b skizziert ist.

Mit Hilfe dieses Ersatzschaltbildes ist es verhältnismäßig leicht, die Änderung des Gesamtwiderstandes der Gleichrichterschaltung aus der Änderung des Durchlaß- und Sperrwiderstandes sowie aus der Änderung des Meßwerkwiderstandes mit der Temperatur zu berechnen. Ebenso ist es möglich, auf einfache Weise unter Annahme eines gegebenen Wechselstromes die Änderung des Meßwerkstromes mit der Temperatur zu ermitteln.

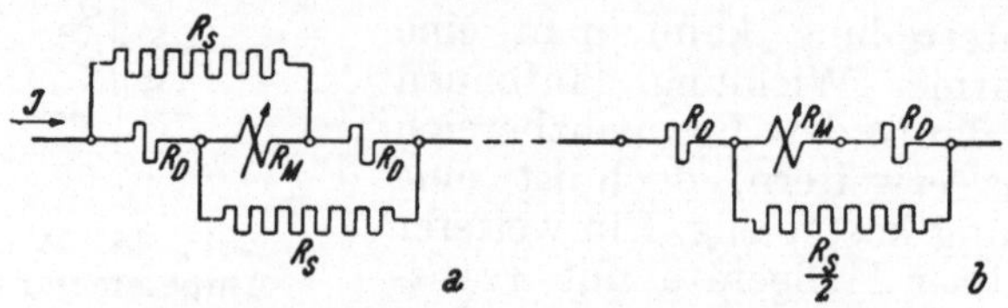

Abb. 16. Ersatzschaltbild der *Graetz*-Schaltung zur Bestimmung der Temperaturabhängigkeit.
a *Graetz*-Schaltung; *b* Ersatzschaltbild.

Für die wichtigste *Vollwegschaltung mit Serien-Ersatzwiderständen*, nach Abb. 11 e, kann das Ersatzschaltbild zur Bestimmung der Temperaturabhängigkeit nicht so einfach entwickelt werden. Es soll jedoch gezeigt werden, daß auch diese Schaltung der Vorausrechnung des Temperaturfehlers zugänglich

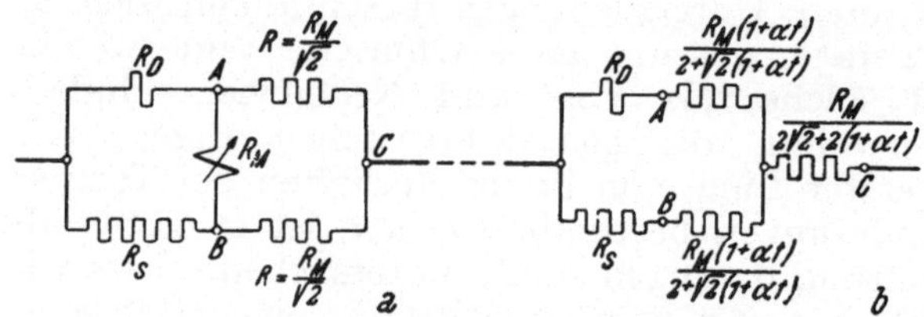

Abb. 17. Ersatzschaltbild der Vollwegschaltung mit Serienersatzwiderständen zur Bestimmung der Temperaturabhängigkeit.
a Vollwegschaltung; *b* Ersatzschaltbild.

ist. Zuvor ist aber noch zu klären, in welchem Verhältnis der Wert des Ohmschen Widerstandes der beiden Vergleichswiderstände R zu dem des Meßwerkes R_M stehen soll. Nimmt man unter Vernachlässigung des Rückstromes zunächst an, daß ein konstanter Strom nach Abb. 17 (durch R_D) bei A in einen Teilstrom durch den Widerstand R im Zweig AC, andererseits ein solcher über den Meßwerkswiderstand R_M im Zweig AB und über den zweiten Widerstand R im Zweig BC verzweigt wird, dann läßt sich leicht mathematisch beweisen, daß bei konstanter aufgewendeter Leistung an den Punkten AC, die *Leistung im Meßwerk* dann *ein Maximum* wird, *wenn* $R = \frac{R_M}{\sqrt{2}}$ gewählt wird. Die maximal verfügbare Leistung im Meßwerk beträgt dann 17,2% der gesamten aufgewendeten Leistung, der maximal verfügbare Strom im Meßwerk etwa 29,3% des aufgewendeten Stromes.

Man erhält nun, unter der Annahme, daß a der Temperaturkoeffizient der Drehspulwicklung mit dem Ohmschen Widerstand R_M (für Kupfer oder Aluminium zirka 0,4 pro 1^0 C) ist, und die beiden Widerstände R aus temperaturunabhängigem Material, wie Manganin oder Konstantan bestehen, die in Abb. 17 b eingetragenen Werte der Ersatzschaltung. In dieser Schaltung läßt

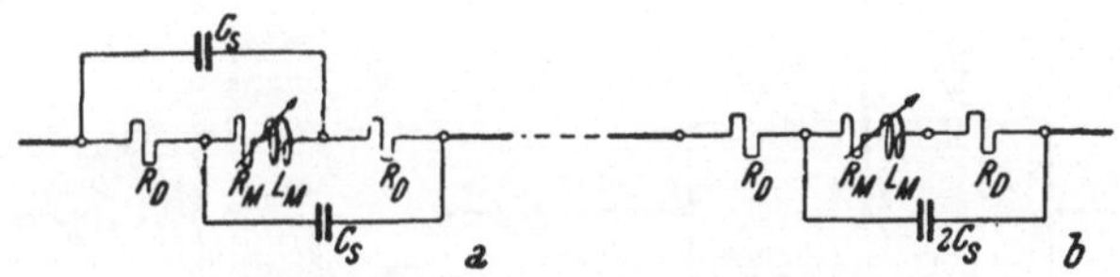

Abb. 18. Ersatzschaltbild der *Graetz*-Schaltung zur Bestimmung der Frequenzabhängigkeit.
a Graetz-Schaltung; *b* Ersatzschaltbild.

sich auf einfache Weise, unter Berücksichtigung der Temperaturänderung des Durchlaß- und des Sperrwiderstandes, sowie der des Meßwerkswiderstandes, die Änderung des gesamten Widerstandes der Gleichrichterschaltung und die Änderung des Meßwerkstromes mit der Temperatur berechnen.

Auf ähnliche Weise lassen sich *Ersatzschaltbilder für das Frequenzverhalten* zeichnen, doch soll darauf hingewiesen werden, daß für sehr hohe Frequenzen das einfache Schaltbild nicht mehr ohne weiteres angewendet werden darf. Es wurde bereits früher erwähnt, daß in der Durchlaßrichtung die Kapazität des Gleichrichters gegenüber dem niederen Durchlaßwiderstand vernachlässigt werden kann, während in der Sperrichtung die Kapazität überwiegt und der Sperrwiderstand für die Betrachtung belanglos ist. Für die *Graetz-Schaltung* ergibt sich demnach das in Abb. 18 a gezeichnete Schema, in dem C_S die Kapazität in der Sperrichtung und L_M die Induktivität der Drehspulwicklung darstellt. Wie bei der Feststellung des Ersatzschemas für die Bestimmung des Temperaturverhaltens, ist analog auch hier der kapazitive Strom nur sehr klein gegenüber dem Durchlaßstrom und eine Parallelschaltung einer einzigen Kapazität mit dem doppelten Wert ($2\ C_S$) gibt nach Abb. 18 b mit genügender Genauigkeit das gesuchte Ersatzschaltbild. Bei Vielfachmeßgeräten wird im allgemeinen ein sehr kleines Meßwerk verwendet, dessen Drehspulwicklung verhältnismäßig wenig Windungen und eine kleine Fläche besitzt. Dagegen haben Schreibgeräte mit größerem Meßwerk eine große Induktivität. Im ersten Fall, — und nur dieser Fall wird ja untersucht, — kann die Induktivität L_M gegen den Ohmschen Widerstand R_M vernachlässigt werden.

Bei tiefen Frequenzen wird der Strom durch die Kapazität sehr klein. Er kann vernachlässigt werden und der Scheinwiderstand des Gleichrichters Z_{TF} ergibt sich also aus: $Z_{TF} = 2\,R_D + R_M$. Bei höherer Frequenz, bei der der Strom durch die Kapazität $2\,C_S$ nicht vernachlässigt werden kann, ergibt sich:

$$Z_{HF} = R_D + \frac{R_D + R_M}{\sqrt{1 + 4\,\omega^2 C_S^2 (R_D + R_M)^2}}.$$

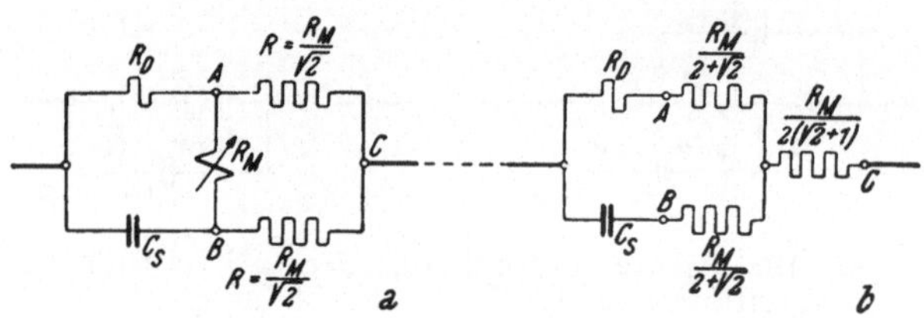

Abb. 19. Ersatzschaltbild der Vollwegschaltung mit Serienersatzwiderständen zur Bestimmung der Frequenzabhängigkeit.
a Vollwegschaltung; *b* Ersatzschaltbild.

An den Wechselstromklemmen des Gleichrichters erhält man demnach zwischen tiefen und höheren Frequenzen eine Widerstandsänderung:

$$\Delta Z = Z_{HF} - Z_{TF} = (R_D + R_M)\left[\frac{1}{\sqrt{1 + 4\,\omega^2 C_S^2 (R_D + R_M)^2}} - 1\right].$$

Da der Strom durch das Meßwerk nahezu in Phase mit der an den Wechselstromklemmen des Gleichrichters angelegten Spannung ist, ist die Änderung dieses Stromes proportional der Scheinwiderstandsänderung, also der Stromänderungsfaktor:

$$F_i = \frac{1}{\sqrt{1 + 4\,\omega^2 C_S^2 (R_D + R_M)^2}} - 1.$$

Unter den gleichen Voraussetzungen, wie bei Bestimmung der Temperaturabhängigkeit ergibt sich für die *Vollwegschaltung mit Serien-Ersatzwiderständen* das Ersatzschaltbild nach Abb. 19. Da der mit C_S in Serie liegende Ohmsche Widerstand gegen C_S vernachlässigbar klein ist, ergibt sich analog wie bei der *Graetz*-Schaltung:

$$Z_{TF} = R_D + \frac{R_M}{2+\sqrt{2}} + \frac{R_M}{2(\sqrt{2}+1)}$$

$$Z_{HF} = \frac{R_D + \frac{R_M}{2+\sqrt{2}}}{\sqrt{1+\omega^2 C_S^2 \left(R_D + \frac{R_M}{2+\sqrt{2}}\right)^2}} + \frac{R_M}{2(\sqrt{2}+1)}$$

$$\Delta Z = \left(R_D + \frac{R_M}{2+\sqrt{2}}\right) \cdot \left[\frac{1}{\sqrt{1+\omega^2 C_S^2 \left(R_D + \frac{R_M}{2+\sqrt{2}}\right)^2}} - 1\right]$$

und

$$F_i = \frac{1}{\sqrt{1+\omega^2 C_S^2 \left(R_D + \frac{R_M}{2+\sqrt{2}}\right)^2}} - 1.$$

Bezüglich der Berechnung von Temperatur- und Frequenzfehlern für einige Spezialschaltungen bei Vielfachmeßgeräten, wie sie in der Praxis nur selten vorkommen, sei auf die Literatur verwiesen.

Trockengleichrichter-Strom- oder Spannungsmesser, — in der Regel mit nur einem Meßbereich, — werden nach dem vorangegangenen nunmehr folgende Eigenschaften aufweisen:

1. *Meßgeräte mit eingeprägtem Strom* (z. B. Spannungsmesser für höhere Spannungen, Strommesser ohne Nebenwiderstände), bei denen ein höherer Widerstand der Gleichrichterschaltung vorgeschaltet ist, werden:

a) im Falle der *Gleichrichter mit* der maximalen *Nennstromstärke belastet* ist, also der Rückstrom nur klein und der Durchlaßwiderstand sehr klein gegenüber dem Vorwiderstand der Gleichrichterschaltung ist, einen kleinen Temperaturfehler, und da die Kapazität klein gegenüber dem Durchlaßwiderstand ist, unter Annahme eines rein Ohmschen Vorwiderstandes, auch einen kleinen Frequenzfehler haben,

b) im Falle der Gleichrichter *gering belastet* ist, also ein größerer Rückstrom als bei der Belastung mit Nennstrom auftritt und der Durchlaßwiderstand selbst gegenüber dem Vorwiderstand größer wird, einen gegenüber dem Fall a) höheren Temperaturfehler, und da die Kapazität und der parallel geschaltete Durchlaßwiderstand größer ist, auch einen größeren Frequenzfehler haben.

2. *Meßgeräte mit eingeprägter Spannung* (z. B. Strommesser mit Nebenwiderständen, die einen verhältnismäßig geringen Spannungsabfall aufweisen), bei denen nur ein verhältnismäßig kleiner Widerstand der Gleichrichteranordnung vorgeschaltet ist, werden:

a) im Falle der *Gleichrichter mit* der maximalen *Nennstromstärke belastet* ist und der Durchlaßwiderstand wesentlich den gesamten Widerstand bestimmt, einen größeren Temperaturfehler, aber da die Kapazität in der Sperrichtung gering und der kapazitive Strom nahezu ohne Einfluß auf den Meßwerkstrom ist, einen sehr geringen Frequenzfehler haben,

b) im Falle der Gleichrichter *gering belastet* ist, ebenfalls einen großen Temperaturfehler und gegenüber dem Fall 2 a) auch einen etwas höheren Frequenzfehler haben.

Bezüglich Temperatur- und Frequenzfehler wird also im allgemeinen ein, mit einem mit Nennstrom belasteten Gleichrichter arbeitendes Meßgerät leichter herzustellen sein.

6. Oberwellenabhängigkeit.

Bei der Beurteilung des Gleichrichtermeßgerätes, bezw. bei der Untersuchung seiner charakteristischen Eigenschaften, muß noch die Oberwellenabhängigkeit der Anzeige beachtet werden. Die Tatsache, daß das Gleichrichtergerät eine höhere Oberwellenabhängigkeit aufweist, ist an sich bekannt, wird aber im allgemeinen zu wenig beachtet. Da die Abhängigkeit der Anzeige nicht linear mit der Größe einer bestimmten Oberwelle, ebenso nicht linear mit der Frequenz der Oberwelle ansteigt und eine Vergrößerung oder Verkleinerung der Anzeige bei verschiedenen Phasenverschiebungen einer bestimmten Oberwelle gegen die Grundwelle hervorgerufen wird, bemüht man sich durch Einschaltung von Stromreinigern oder dergleichen, die Voraussetzungen zu schaffen, daß die Messung bei sinusförmigem Strom oder wenigstens nur bei einem Oberwellengehalt von weniger als 5% durchgeführt werden kann. Dies läßt sich natürlich nicht immer durchführen, besonders dann nicht, wenn durch Transformatoren in der Meßanordnung eine Kurvenverzerrung hervorgerufen wird. Es ist daher notwendig, auf die Ursache dieser Oberwellenabhängigkeit näher einzugehen, um in jedem Fall die entsprechenden Korrekturen der Ablesung des Meßgerätes bestimmen zu können, bezw. von vorne herein die Belastung des Gleichrichters und die Schaltung so zu wählen, daß diese Korrekturen klein werden. An einem Beispiel soll gezeigt werden, daß die Überlegungen nicht einfach sind und die genaue Kenntnis der charakteristischen Werte des Gleichrichters erforderlich ist.

Nimmt man den Fall an, daß ein idealer Gleichrichter, dessen Durchlaßwiderstand sehr klein, dessen Sperrwiderstand nahezu unendlich groß und dessen Kapazität vernachlässigbar klein ist, — der praktische Fall des mit vollem Nennstrom belasteten Gleichrichters kommt diesem Idealfall ziemlich nahe, — und dieser nun mit eingeprägtem sinusförmigem Strom niederer Frequenz, z. B. 50 Hz, arbeitet, dann ist der Ausschlag des an den

Gleichrichter angeschlossenen Drehspulinstrumentes proportional dem arithmetischen Mittelwert. Die Skala wird in Effektivwerten des sinusförmigen Stromes geeicht, weil wegen der eindeutigen Definition des Leistungsbegriffes, vereinbarungsgemäß alle elektrischen Meßgeräte in Effektivwerten geeicht werden.

Der arithmetische Mittelwert errechnet sich aus:

$$J_a = \frac{1}{\pi} \int_0^\pi \sin i \, dt$$

und man erhält:

$$J_a = \frac{2}{\pi} i_{max} = 0{,}6366 \, i_{max}$$

und für den Effektivwert aus:

$$J_e = \sqrt{\frac{1}{\pi} \int_0^\pi \sin^2 i \, dt},$$

$$J_e = \frac{1}{\sqrt{2}} i_{max} = 0{,}7071 \, i_{max}.$$

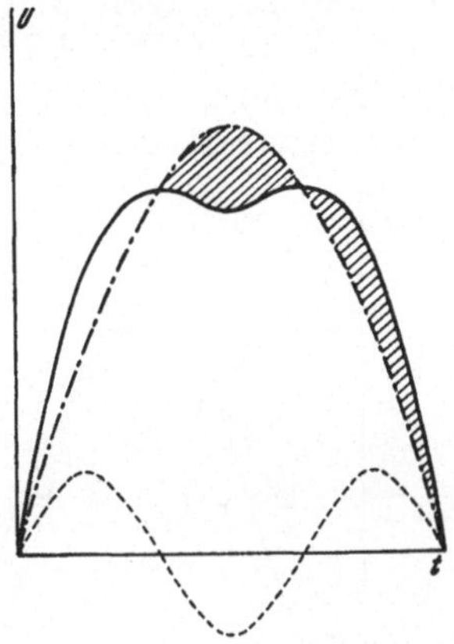

Abb. 20. Dritte Harmonische (20%), $\varphi = 0$.

Das Verhältnis J_e/J_a nennt man, wie bereits erwähnt, den „Formfaktor", der sich für die reine Sinusform, also mit 1,11 ergibt.

Nimmt man nun im weiteren zur Vereinfachung, unter der Voraussetzung, daß $i_{max} = 1$ ist, an, daß der Strom nicht rein sinusförmig ist, sondern z. B. eine 10%ige dritte Harmonische enthält, die nach Abb. 20 gegen die Grundwelle um $\varphi = 0$ phasenverschoben ist, dann ergibt sich der arithmetische Mittelwert aus der Fläche für die Grundwelle, vermindert um die Fläche nur je einer Halbwelle der dritten Harmonischen pro Halbwelle der Grundwelle, weil sich die Flächen zweier Halbwellen aufheben, mit:

$$J_a = \frac{2}{\pi}\left(1 + 0{,}1 \cdot \frac{1}{3}\right) = 1{,}0\dot{3}\,\frac{2}{\pi}.$$

Bei einer 10%-igen dritten Harmonischen bei $\varphi = 0$ erhöht sich also der arithmetische Mittelwert um $3^1/_3$%.

Der Effektivwert ergibt sich für diesen Fall aus:

$$J_e = \sqrt{\frac{1}{\pi} \int_0^\pi (\sin i + 0{,}1 \sin 3\, i)^2 \, dt} = \sqrt{0{,}505} = 0{,}7106.$$

Gegenüber dem Effektivwert der reinen Sinuswelle (0,7071) erhöht sich also der Effektivwert um ½%. Wenn nun durch das mit dem Effektivwert des reinen sinusförmigen Wechselstromes geeichte ideale Gleichrichtermeßgerät ein Strom mit 10%-iger dritter Oberwelle bei $\varphi = 0$ und gleichem Effektivwert wie bei der reinen Sinuswelle fließt, dann wird der arithmetische Mittelwert und damit die Anzeige des Meßgerätes um $3^1/_3 - 1/_2 = 2^5/_6 \sim 2{,}8\,\%$ größer.

In analoger Weise ergibt sich:

bei einer 20%-igen dritten Oberwelle bei $\varphi = 0$ eine Erhöhung der Anzeige um 4,7%,

bei einer 30%-igen dritten Oberwelle bei $\varphi = 0$ eine Erhöhung der Anzeige um 5,6%.

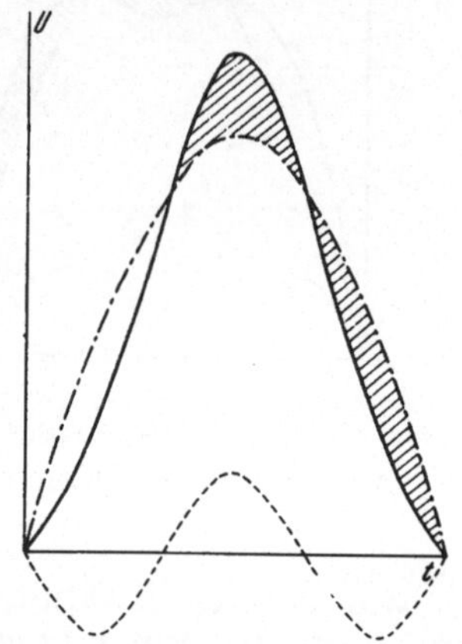

Abb. 21. Dritte Harmonische (20%), $\varphi = 180^0$.

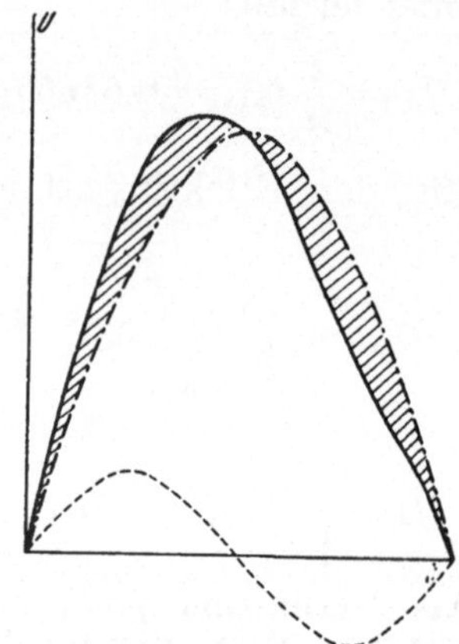

Abb. 22. Zweite Harmonische (20%) $\varphi = 0$.

Wenn die Phasenverschiebung der z. B. 20%-igen dritten Harmonischen nun nicht 0, sondern nach Abb. 21 z. B. $\varphi = 180^0$ ist, dann vermindert sich der arithmetische Mittelwert um $2 \times 3^1/_3\,\% \sim 6{,}7\,\%$ während der Effektivwert aus

$$J_e = \sqrt{\frac{1}{\pi}\int_0^\pi (\sin i - 0{,}2 \sin 3\,i)^2\,dt},$$

sich mit dem Wert: $J_e = \sqrt{0{,}52} = 0{,}7211$ ergibt.

Gegenüber dem Effektivwert der reinen Sinusform (0,7071) erhöht sich also der Effektivwert in diesem Fall um 2%. Bei gleichem Effektivwert wird also das Instrument bei einer 20%-igen dritten Harmonischen bei $\varphi = 180^0$ gegenüber der reinen Sinusform um 8,7% weniger zeigen.

Neben der dritten Harmonischen, die meist bei der Verwendung von Eisendrosselspulen und Transformatoren auftritt, ist auch die zweite Harmonische, die bei Schaltungen mit Verstärkerröhren auftritt, vor allen anderen in den Kreis der Betrachtung zu ziehen.

Wie aus Abb. 22 zu erkennen ist, ändert sich der arithmetische Mittelwert bei beliebiger Höhe der zweiten Harmonischen nicht, weil sich beide Halbwellen immer aufheben. Dies trifft übrigens für alle geradzahligen Harmonischen zu.

Wenn eine 10%-ige zweite Harmonische bei $\varphi = 0$ vorhanden ist, dann ergibt sich demgegenüber der Effektivwert aus:

$$J_e = \sqrt{\frac{1}{\pi}\int_0^\pi (\sin i + 0{,}1 \sin 2i)^2 \, dt}, \qquad J_e = \sqrt{0{,}505} = 0{,}7106.$$

Gegenüber dem Effektivwert bei reiner Sinusform (0,7071) erhöht sich demnach der Effektivwert bei 10%-iger zweiter Harmonischen bei $\varphi = 0$ um ½%. Bei gleichem Effektivwert vermindert sich bei diesem Oberwellengehalt die Anzeige des Gerätes also um 0,5%.

In analoger Weise erhält man bei einer 20%-igen zweiten Harmonischen bei $\varphi = 0$ eine Verminderung der Anzeige um 2%.

Aus den wenigen Beispielen sieht man, daß die Anzeige des Meßwerkes, wie bereits erwähnt, selbst bei idealer Gleichrichtung nicht linear mit der Größe und Frequenz der Oberwellen ansteigt und sich eine Erhöhung oder Verminderung der Anzeige bei verschiedenen Phasenverschiebungen der Oberwelle gegen die Grundwelle ergeben kann. Außerdem treten ja in der Praxis meist mehrere Oberwellen gleichzeitig auf.

Die praktische Beurteilung der Größe des Oberwellengehaltes eines Wechselstromes und die Bestimmung der Frequenz, der Amplitude und der Phasenverschiebung dieser Oberwelle setzt einen Kurvenanalysator, einen Oszillographen oder ein Oberwellenmeßgerät voraus. Trotz dieser kostspieligen Einrichtungen ist die Bestimmung nicht ganz einfach. Darüber hinaus müßte nun für jede Oberwelle die Änderung der Anzeige erst in der gezeigten Weise errechnet werden. Schließlich ist noch zu berücksichtigen, daß die Berechnung nur für ideale Gleichrichtung richtig ist. Sie gilt also gewissermaßen nur für den *„äußeren Kurvenformfehler“*. Bei Verwendung des Trockengleichrichters ist aber der Rückstrom zu berücksichtigen, der wie im vorangegangenen bereits erwähnt, die Anzeige vermindert und der selbst wieder von der Spannung an den Gleichrichterventilen in der Sperrichtung und vor allem vom Spannungsabfall im Meßwerk, also von der Kapazität des Gleichrichters und von der Induktivität des Meßwerkes abhängig ist. Die Berechnung des hiedurch bedingten *„inneren Kurvenformfehlers“* ist recht umfangreich und soll hier nicht näher behandelt werden. Die Abhängigkeit der Anzeige von der Kurvenform bei Gleichrichtermeßgeräten wird im übrigen bei höheren Frequenzen kleiner.

Bei der Kurvenverzerrung durch Oberwellen spricht man häufig auch vom „Klirrfaktor“. Man versteht darunter bekanntlich das prozentuale Verhältnis der Amplitude der Oberwellen zur Amplitude der Grundwelle. Er wird auch getrennt für die einzelnen Oberwellen oder für den gesamten Gehalt an Oberwellen angegeben. Die Bestimmung des „Klirrfaktors" allein genügt aber, wie aus dem obigen leicht zu ersehen ist, nicht, um die entsprechenden Korrekturen des Gleichrichtermeßgerätes zu bestimmen.

Aus den bisherigen Ausführungen geht hervor, daß bei Gleichrichtermeßgeräten mit eingeprägtem Strom, bei denen der Gleichrichter mit vollem Nennstrom belastet ist, die also eine lineare Skala besitzen und eine geringe Temperatur- und Frequenzabhängigkeit haben, die Oberwellenabhängigkeit je nach dem vorliegenden Fall beträchtliche Werte annehmen kann. Die Oberwellenabhängigkeit, die unabhängig von der Frequenz, also auch bei tiefen Netzfrequenzen, z. B. bei 50 Hz vorhanden ist, kann an sich bei bekannter Kurvenzusammensetzung einigermaßen genau definiert werden, doch scheidet diese Kurvenanalyse und Berechnung in der Praxis wegen ihrer Umständlichkeit aus.

Grundsätzlich könnte im Falle des eingeprägten Stromes die Oberwellenabhängigkeit beseitigt werden, wenn der Gleichrichter so belastet wird, daß ein quadratischer Verlauf der Skala erhalten wird, so daß also der Effektivwert unmittelbar zur Anzeige kommt. Tatsächlich gelingt es aus der Strom-Widerstands-Charakteristik des Gleichrichters ein nahezu quadratisches Stück auszuwählen, doch entspricht dies einer sehr geringen Belastung des Gleichrichters und es ist in diesem Fall vor allem ein sehr empfindliches und teures Drehspulmeßwerk notwendig. Wegen der geringen Strombelastung wird ferner der Durchlaßwiderstand sehr hoch und es steigt der Temperatur- und Frequenzfehler.

Wird dagegen der Gleichrichter mit eingeprägter Spannung betrieben, dann erhält man, wie schon in Abb. 7 gezeigt wurde, eine am Anfang stark gedrängte Skala und schon bei einer nicht zu geringen Belastung des Gleichrichters einen nahezu quadratischen Skalenverlauf. Selbstverständlich beeinflussen dann aber der zur Temperaturkompensation notwendige, dem Gleichrichter vorgeschaltete Widerstand und der Meßwerkwiderstand selbst den Skalencharakter.

Es gibt nun zwei extreme Bauweisen bei Trockengleichrichtermeßgeräten:

a) Um den Kurvenformfehler zu verringern, läßt man den Gleichrichter am Anfangsbereich arbeiten. Der Gleichrichter ist nur wenig belastet, es findet eine möglichst quadratische Meßgleichrichtung statt. Eine Erweiterung der Strommeßbereiche durch einen Nebenwiderstand ist möglich. Der Vorteil der Schaltung ist wegen der geringen Belastung des Gleichrichters die hohe Überlastbarkeit. Der Nachteil ist, daß die etwas höheren Temperaturfehler als im zweiten Extremfall durch besondere Maßnahmen beseitigt und etwas höhere Frequenzfehler in Kauf genommen werden müssen.

b) Unter Verzicht auf die Verkleinerung des Formfaktors wird der Gleichrichter voll belastet. Temperatur- und Frequenzfehler werden auf ein Mindestmaß beschränkt. Der Skalenverlauf wird nahezu linear. Die Erweiterung der Meßbereiche geschieht zweckmäßig durch Wandler.

Tatsächlich stellen die meisten Trockengleichrichter-Vielfachmeßgeräte ein Kompromiß zwischen den beiden Möglichkeiten dar. Der Gleichrichter ist bei diesen Geräten weder voll belastet, noch so belastet, daß sich eine quadratische Skala ergibt, sondern, bedingt durch die Forderung nach geringem Stromverbrauch der Spannungsmeßbereiche und geringem Spannungsabfall an den Nebenwiderständen für die Strommessung, wird der Strom durch den Gleichrichter so gewählt, daß sich Temperatur- und Frequenzfehler gerade noch in zulässigen Grenzen bewegen.

7. Leistungsverbrauch.

Bevor die Kompensation des Temperatur- und Frequenzfehlers von Trockengleichrichtermeßgeräten beschrieben werden soll, ist es notwendig, die Untersuchung daraufhin durchzuführen, welche Belastung des Gleichrichters und welche sonstigen Maßnahmen getroffen werden können, um in erster Linie den Spannungsabfall an Nebenwiderständen für die Strommessung und auch den Stromverbrauch bei den Spannungsmeßbereichen gering zu halten.

Zunächst drängt sich also die Frage auf, welcher kleinster Spannungsmeßbereich, bezw. kleinster Spannungsabfall an einem Nebenwiderstand, überhaupt bei Gleichrichtermeßgeräten ohne Wandler, also in einer Schaltung mit Ohmschen Widerständen, erhalten werden kann. Betrachtet man die vier Fälle: voll- und wenig belasteten Gleichrichter bei eingeprägtem Strom und eingeprägter Spannung und berechnet nun aus der Änderung des Durchlaß- und des Sperrwiderstandes mit der Temperatur, unter Heranziehung des entsprechenden Ersatzschemas, den Temperaturfehler in jedem der vier Fälle, so sieht man, daß zunächst bei eingeprägtem Strom, wie bereits erwähnt, der Temperaturfehler bei Nennstrom am kleinsten ist, während bei eingeprägter Spannung aber bei geringer Belastung des Gleichrichters, somit bei hohem Durchlaßwiderstand und kleinem Sperrwiderstand, der kleinste Spannungsmeßbereich erhalten wird, bei dem der zulässige Temperaturfehler nur etwa $\pm 1 \ldots \pm 1{,}5\,\%$ beträgt.

Die Tatsache, daß im Gegensatz zum Milliamperemeter, ein Voltmeter mit dem weniger belasteten Gleichrichter leichter mit kleinen Spannungsmeßbereichen, bezw. kleinerem Spannungsabfall am Nebenwiderstand, hergestellt werden kann, kann auf folgende Weise erklärt werden:

Bei eingeprägtem Strom wird, z. B. für den Fall der *Graetz*-Schaltung nach Abb. 16 b, für eine Halbwelle betrachtet, durch die stärkere Erhöhung des Sperrwiderstandes bei Verminderung der Temperatur mehr Strom durch den Durchlaßwiderstand gedrückt. Bei dem höher belasteten Gleichrichter ist aber der Durchlaßwiderstand im Verhältnis zum Sperrwiderstand wesentlich kleiner, so daß also der Einfluß des Sperrwiderstandes in diesem Fall klein bleibt.

Bei eingeprägter Spannung erhöht sich zunächst, wieder für eine Halbwelle betrachtet, bei Verminderung der Temperatur der aus parallel geschalteten Durchlaß- und Sperrwiderstand bestehende Kombinationswiderstand beträchtlich, — allerdings wird diese Erhöhung zu einem kleineren Bruchteil durch die Widerstandsverminderung des Meßwerkes kompensiert, — so daß also der gesamte Strom vermindert wird. Wie beim eingeprägten Strom wird dann wieder durch die starke Erhöhung des Sperrwiderstandes mehr Strom durch den Durchlaßwiderstand gedrückt. Eine bessere Kompensation ist aber nur erzielbar, wenn der Einfluß des Sperrwiderstandes groß ist und dies ist eben beim weniger belasteten Gleichrichter der Fall.

Es kann dies auch auf einfache Weise experimentell bestimmt werden. Sowohl bei der Berechnung, als auch bei der experimentellen Bestimmung ist aber zu berücksichtigen, daß der Temperaturfehler nicht allein für den Vollausschlag des Drehspulmeßwerkes, sondern auch für mehrere Zwischenwerte der Skala bestimmt werden muß, weil ja Durchlaß- und Sperrwiderstand mit kleinerem Meßstrom sich wesentlich erhöhen. Der prozentuale Fehler wird dann mit geringem Strom zwar höher, aber bezogen auf den Endausschlag des Meßwerkes soll dieser Fehler innerhalb der angegebenen Grenzen bleiben. Dies ist auch der Grund, warum bei Trockengleichrichterinstrumenten der Temperaturfehler im allgemeinen „bezogen auf den Endausschlag" angegeben wird, während z. B. bei Drehspulinstrumenten für Gleichstrom, entsprechend der Vorschrift der Meßregeln, für alle Skalenpunkte der Temperaturfehler innerhalb der entsprechenden Klassengenauigkeit „bezogen auf den Sollwert" eingehalten werden muß.

V. Kompensation des Temperatur- und Frequenzfehlers.

Bei der *Kompensation des Temperaturfehlers* von Gleichrichtermeßgeräten können im wesentlichen die Differenzen der Temperaturkoeffizienten von Leitermetallen ausgenützt werden. Diese Möglichkeit besteht an sich auch beim Trockengleichrichter, zumal sein Temperaturkoeffizient negativ, während jener der Metalle (z. B. Kupfer) positiv ist. Aber die Kompensation kostet auf diese Weise sehr viel Empfindlichkeit eben wegen des größenordnungsmäßigen Unterschiedes der Temperaturkoeffizienten. Gerade für die Tonfrequenzmeßtechnik mit ihren häufig minimalen Leistungen erscheint daher dieser Weg ungeeignet.

Eine andere Möglichkeit der Temperaturkompensation beruht, wie bereits oben bei der Frage nach dem kleinsten Spannungsmeßbereich behandelt wurde, darauf, daß sich neben dem Widerstand des Gleichrichters auch sein Richtfaktor, wenn man so das Verhältnis von Durchlaß- zu Sperrwiderstand bezeichnen will, mit der Temperatur ändert, und zwar nehmen beide, wie eingangs erwähnt, mit der Temperatur ab. Der Gedankengang der Kompensation ist nun folgender: der gesamte Gleichrichterwiderstand nimmt mit der Temperatur ab, der Wechselstrom wird also bei eingeprägter Spannung größer, damit würde auch der Gleichstrom im Meßwerk größer werden, wenn nicht der Richtfaktor mit der Temperatur abnähme. Diese beiden Einflüsse wirken sich also entgegen. Durch geeignete Wahl eines Vorwiderstandes vor dem Gleichrichter läßt es sich erreichen, daß sie sich in bestimmten Grenzen aufheben.

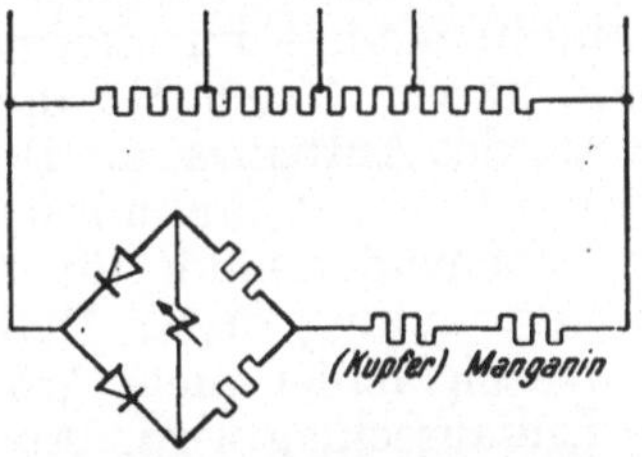

Bezüglich des Temperaturverhaltens und der Temperaturkompensation kommt man also zu folgendem Schluß:

Abb. 23. Kompensation des Temperaturfehlers.

Während bei einfachen Gleichrichterschaltungen ohne Nebenwiderständen für die Strommessung, vor allem bei Schaltungen, bei denen der Gleichrichter mit Nennstrom belastet ist, und auch bei der Schaltung mit einem Stromwandler, ebenso bei der Verwendung dieser Schaltung mit Vorwiderständen, also bei eingeprägtem Strom, noch keine Temperaturkompensation notwendig ist, muß erst bei der Anwendung von Nebenwiderständen, also bei eingeprägter Spannung, der nun stärker auftretende Temperaturfehler bei geeigneter Wahl der Gleichrichterbelastung und durch Wahl entsprechender Vorwiderstände, die unter Umständen nach Abb. 23 auch positive Temperaturkoeffizienten haben können, kompensiert werden. Die Höhe der Gleichrichterbelastung und die Größe des Vorwiderstandes hängen von der Gleichrichtertype, von seiner Nennstromstärke und von den gewählten Spannungsmeßbereichen ab.

Grundsätzlich besteht auch die Möglichkeit eine Temperaturschaltung, wie sie bei Präzisions-Gleichstrom-Millivolt- und Milliamperemetern angewendet werden, auch auf der Gleichstromseite anzuwenden, doch ist damit eine Erhöhung des an die Gleichstromklemmen des Gleichrichters angeschlossenen Widerstandes und des Spannungsabfalles an diesem verbunden. Durch die Erhöhung der Spannung in der Sperrichtung wird wieder eine Verschlechterung des Temperaturverhaltens verursacht, so daß ein Teil der Kompensation verloren geht. Der größere Aufwand und die nur schwer erreichbaren kleineren Spannungsmeßbereiche haben dazu geführt, daß von dieser Möglichkeit im allgemeinen kein Gebrauch gemacht wird.

Bei den meisten Trockengleichrichter-Vielfachmeßgeräten ist eine eigene Schaltung zur *Kompensation des Frequenzfehlers* nicht vorgesehen. Während die einfachsten Schaltungen von Gleichrichter und Meßwerk als Milliamperemeter ohne Vor- und Nebenwiderständen bis zu etwa 20 ... 30 kHz ohne nennenswerten Frequenzfehler und unter Berücksichtigung der Gleichrichterkapazität noch bis etwa 10 ... 20 Megahertz benutzt (oder für eine bestimmte Frequenz geeicht) werden können, geben notwendigerweise temperaturkompensierte Schaltungen mit Vor- und Nebenwiderständen und gering belasteten Gleichrichtern erheblich größere Frequenzfehler. Da nun als höchste Frequenzgrenze, bei der solche Trockengleichrichtermeßgeräte, — die von Natur aus für niedere technische Frequenzen und nur für das Tonfrequenzgebiet bestimmt sind, — im allgemeinen verwendet werden können, eine Frequenz von 10 000 Hz angesehen wird, ist bei vielen Meßgeräten die Art des Aufbaues, die Belastung des Gleichrichters, der Stromverbrauch der Spannungsmeßbereiche und der Spannungsabfall der Nebenwiderstände für die Strommeßbereiche so gewählt, daß bei Verwendung dieser Meßgeräte bei Frequenzen bis 10 000 Hz der Anzeigefehler nicht größer als ± 1,5 ... ± 3% bezogen auf den Endausschlag wird. Auch hier wird der Fehler im allgemeinen auf den Endausschlag bezogen, weil, wie aus Abb. 10 hervorgeht, bei geringem Strom der Durchlaßwiderstand verhältnismäßig größer und daher auch der Einfluß der Kapazität größer wird.

Bei den höheren Spannungsmeßbereichen, etwa über 100 V, wird die Frequenzabhängigkeit im höheren Maße als bei den niederen Meßbereichen von der Ausführung und vom Einbau des Vorwiderstandes beeinflußt. Je kleiner der Stromverbrauch der Spannungsmeßbereiche gewählt wird, also je höher der Ohmsche Wert dieser Vorwiderstände ist, desto stärker wirken sich Kapazitäten innerhalb der Schaltung aus. Während die Kapazität des Gleichrichters immer eine Verminderung der Anzeige bei höherer Frequenz ergibt, bewirken „Schaltkapazitäten“ parallel zum Vorwiderstand oder zu einem Teil desselben, wie in Abb. 24 durch Einzeichnung der Kapazität C_1 angedeutet ist, eine Erhöhung der Anzeige. Die Kapazität eines Teiles dieses Vorwiderstandes gegen den anderen Spannungsanschluß, z. B. C_2 in Abb. 24, bewirkt aber wieder eine Verminderung der Anzeige.

Bei Vielfachmeßgeräten mit vielen Meßbereichen und verwickelter Schaltung macht der Aufbau, besonders bei höheren Spannungsmeßbereichen und sehr kleinem Stromverbrauch, erhebliche Schwierigkeiten. Von Einfluß ist selbstverständlich auch bei allen übrigen Meßbereichen, die Ausführung der Widerstände und ihr Zusammenbau, bezw. ihre Zeitkonstante. Messungen mit weniger sorgfältig aufgebauten Trockengleichrichter-Vielfachmeßgeräten können daher mit der angegebenen Genauigkeit von $\pm 1{,}5\,\%$ nur bei Frequenzen z. B. bis etwa 500 ... 6.000 Hz ausgeführt werden. Im allgemeinen wird der Frequenzbereich in den Preislisten der Herstellerfirmen angegeben.

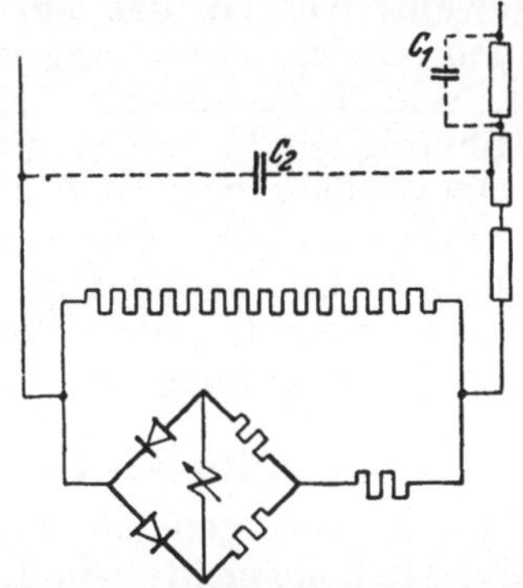

Abb. 24. Einfluß der Schaltkapazitäten auf den Frequenzfehler bei höheren Spannungsmeßbereichen.

Der Vollständigkeit halber soll hier noch angegeben werden, daß zur Kompensation des Frequenzfehlers verschiedene Maßnahmen bekannt geworden sind, die aber seit der Einführung der Meßgleichrichter mit kleinen Kapazitäten wesentlich an Bedeutung verloren hat. Nur dann, wenn es sich darum handelt, einfache Meßgeräte mit nur etwa 1 ... 4 Meßbereichen für höhere Genauigkeitsansprüche oder für höhere Frequenzen auszuführen, kann auf diese Möglichkeit zurückgegriffen werden. So wird nach Abb. 25 eine Induktivität parallel zur Gleichrichterschaltung oder nach Abb. 26 ein Kondensator parallel zum Vorwiderstand geschaltet. An Stelle der Induktivität nach Abb. 25 wurde auch ein Widerstand mit Stromverdrängung vorgeschlagen.

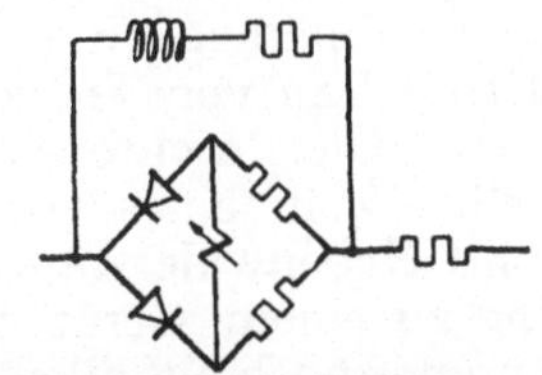

Abb. 25. Kompensation des Frequenzfehlers durch Parallelschaltung eines induktiven Widerstandes zum Meßzweig.

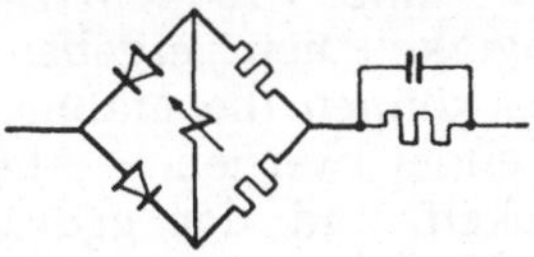

Abb. 26. Kompensation des Frequenzfehlers durch Parallelschaltung eines Kondensators zum Vorwiderstand.

Bei Meßschaltungen, bei denen ein Übertrager verwendet wird und dieser ein beliebiges Übersetzungsverhältnis hat und daher nicht mehr als streuungsfrei angesehen werden kann, zeigt sich, daß die Streuinduktivität des Übertragers von merklichem Einfluß auf den Frequenzgang der Anzeige des Gleichstrominstrumentes bei höheren Frequenzen wird. Man kann jedoch die Resonanz zwischen der Streuinduktivität und der Gleichrichterkapazität benutzen, um die Frequenzabhängigkeit der Anzeige auszugleichen.

Die *Maßnahmen zur Beseitigung der Oberwellenabhängigkeit* wurden bereits besprochen. An sich ist, wie erwähnt, eine solche nur möglich, wenn die Schaltung und die Gleichrichterbelastung so gewählt werden, daß ein quadratischer Verlauf der Skala des an den Gleichrichter angeschlossenen Drehspulgerätes erhalten wird. Wie die Berechnung zeigt, wird der Oberwelleneinfluß auf die Meßgenauigkeit in keinem Fall größer als ± 1 ... ± 1,5%, wenn der Oberwellenanteil an der Grundwelle nicht größer als 5% ist. Soweit seitens der Herstellerfirmen nicht andere Angaben vorliegen, gilt also als Regel für die Verwendung eines Trockengleichrichterinstrumentes, daß bei höherem Oberwellengehalt als 5% größere Abweichungen als ± 1,5% zu erwarten sind.

VI. Trockengleichrichter-Vielfach-Meßgeräte.

Die hervorragenden Eigenschaften der Gleichrichter-Meßgeräte, wie hohe elektrische Empfindlichkeit, hohe Überlastbarkeit, geringer Eigenverbrauch, gute zeitliche Konstanz der Eichung und fast unbegrenzte Lebensdauer, sowie robuster Aufbau, geringe Abmessungen und Unabhängigkeit von besonderen Batteriespannungen und die Möglichkeit Temperatur-, Frequenz- und Oberwellenabhängigkeit in gewissen Grenzen zu beseitigen, gaben Anlaß zum Bau von Trockengleichrichter-Vielfachmeßgeräten, bei denen eine Gleichrichterschaltung in Verbindung mit einem Drehspulmeßwerk in einer geeigneten Schaltung mit entsprechenden Vor- und Nebenwiderständen für die Spannungs- und Strommeßbereiche zu einem Gerät zusammengebaut werden und die auch heute immer noch auf allen Gebieten technischen Messens steigende Verwendung finden.

Bezüglich der Wahl der Gleichrichteranordnung im Meßzweig, der Belastung des Gleichrichters, der Kompensation des Temperatur- und Frequenzfehlers, der Beseitigung der Oberwellenabhängigkeit usw., ergeben sich dabei keine neuen Gesichtspunkte und es können die Maßnahmen im wesentlichen wie beschrieben angewendet werden. Allerdings ist die Schaltung meist recht verwickelt und der gedrängte Aufbau setzt der Durchführung dieser Maßnahmen oft erhebliche Schwierigkeiten entgegen.

In diesem Zusammenhang entsteht auch die Frage nach der günstigsten Anordnung. Leider sind bei der Lösung dieser Frage so viele und die bereits mehrfach erwähnten Faktoren zu berücksichtigen, wie geringer Spannungsabfall an den Nebenwiderständen für die Strommeßbereiche, geringer Stromverbrauch bei den Spannungsmeßbereichen, geringer Temperatur-, Frequenz- und Oberwellenfehler usw., daß eine eindeutige Berechnung selbst bei möglichster Beschränkung der Anfangsbedingungen, nicht möglich ist. Man kommt jedoch zweifellos den optimalen Verhältnissen durch experimentelle Bestimmung sehr nahe. Bei dieser Bestimmung müssen jedoch auch noch der Skalendeckungsfehler, die Meßbereichgrenzen und die Meßbereichunterteilung in Betracht gezogen werden.

1. Skalendeckungsfehler.

Aus der Besprechung der Skalenverzerrung an Hand der Abb. 7 und 8 geht bereits hervor, daß bei der Festlegung des kleinsten Spannungsmeßbereiches, bezw. Spannungsabfalles an Nebenwiderständen, also bei eingeprägter Spannung, unter Berücksichtigung der entsprechenden Vorwiderstände vor der Gleichrichteranordnung nach Abb. 27 um den Temperaturfehler noch

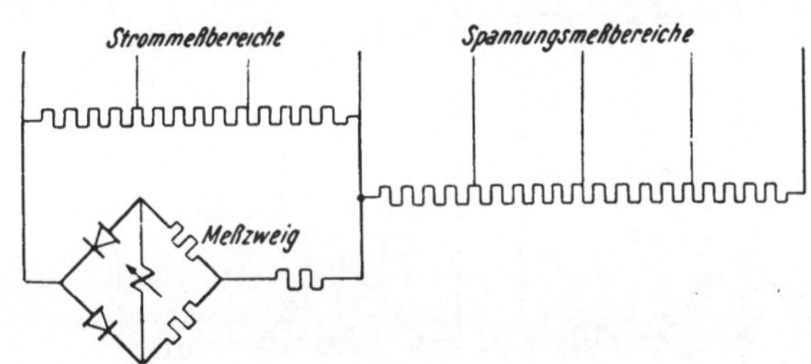

Abb. 27. Grundsätzliche Schaltung von Vielfachmeßgeräten.

genügend klein halten zu können, eine am Anfang stark gedrängte, unter Umständen quadratische Skala erhalten wird. Durch einfache Erhöhung der Vorwiderstände für die Spannungsmeßbereiche wird jedoch der Skalencharakter beeinflußt und wird wieder etwas gleichmäßiger, weil nicht mehr der Fall der eingeprägten Spannung, sondern ein Fall vorliegt, der zwischen eingeprägtem Strom und eingeprägter Spannung liegt. Die Skalen stimmen also nicht mehr überein, es ergibt sich ein mehr oder weniger großer Skalendeckungsfehler.

Experimentell kann festgestellt werden, daß bei größeren Strombelastungen des Gleichrichters im allgemeinen Spannungsmeßbereiche von 1,2 bis 1,5 V an, sich innerhalb der Grenzen von etwa 0,5 ... 1% noch einigermaßen gut decken. Daher ist bei den meisten Vielfachmeßgeräten mit einfachen Vorwiderständen dies der kleinste Spannungsmeßbereich.

Zur Erzielung einer vollkommenen Skalendeckung der Spannungsmeßbereiche wurden Schaltungen angegeben, wie sie in Abb. 28 a und b wiedergegeben sind. Im wesentlichen beruhen sie darauf, daß bei jedem Meßbereich nicht nur derselbe Strom durch die Gleichrichteranordnung fließt, sondern daß der Nebenwiderstand zu diesem Meßzweig bei jedem Meßbereich auch immer gleich groß bleibt. In der Schaltung nach Abb. 28 a werden die Vorwiderstände für die verschiedenen Spannungsmeßbereiche so gewählt und an solche Punkte des Nebenwiderstandes angeschlossen, daß der als Nebenschluß wirkende Teil des Nebenwiderstandes um so kleiner wird, je niedriger der Meßbereich ist. In der

Schaltung nach Abb. 28 b liegt der Nebenwiderstand unmittelbar an den Klemmen der zu messenden Spannung und die Vorwiderstände sind derart mit einem an die Gleichrichteranordnung angeschlossenen Meßbereichwähler verbunden, daß der wirksame Teil des Nebenwiderstandes umso größer wird, je niedriger der Meßbereich ist.

Der Nachteil dieser Schaltungen ist der ungleiche und mit der Höhe der Spannungsmeßbereiche proportional ansteigende Strom-

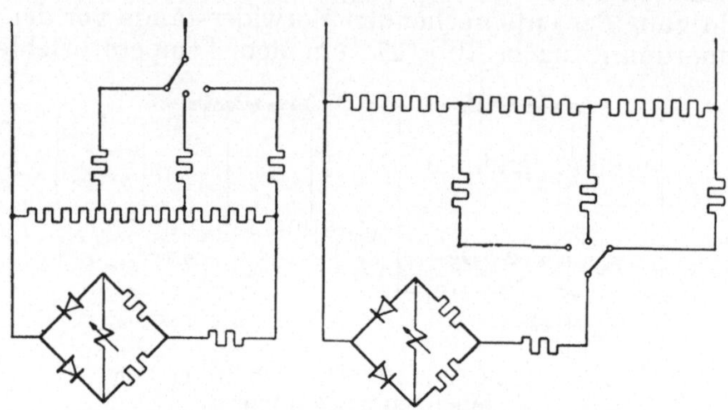

Abb. 28. Schaltungen für mehrere Spannungsmeßbereiche bei vollkommener Skalendeckung.

verbrauch. Daher werden sie gewöhnlich bei Vielfachmeßgeräten nicht angewendet. Sie dienen in erster Linie dazu, reine Ausgangsleistungsmesser (Outputmeter) mit konstantem, bei jedem Spannungsmeßbereich gleich großem Innenwiderstand aufzubauen.

2. Meßbereichgrenzen.

Wenn nun ein Vielfachmeßgerät in der heute fast allgemein üblichen Weise für Gleich- und Wechselstrom aufgebaut werden soll und die Meßwerksempfindlichkeit und Gleichrichteranordnung bereits festgelegt ist, dann ergeben sich die kleinsten und größten noch ausführbaren Meßbereiche, — die Meßbereichgrenzen, — aus folgender Überlegung:

a) Der höchste Gleichspannungsbereich ist durch die Möglichkeit des Einbaues normaler Hochohmwiderstände und durch die Isolation des Gehäuses begrenzt, unter Umständen durch die Größe der vorgeschriebenen Kriechstrecken gegeben.

b) Der kleinste Gleichspannungsbereich ist durch den zulässigen Temperaturfehler der gewählten Schaltung gegeben, gewöhnlich mit 60 ... 150 mV.

c) Der kleinste Gleichstrommeßbereich und der Stromverbrauch der Gleichspannungsbereiche ist durch die Wahl des Meßwerkes bereits festgelegt.

d) Der höchste Gleichstrommeßbereich, ebenso der höchste Wechselstrommeßbereich, ist durch die Wattbelastung und Erwärmung bei Dauerbetrieb bestimmt. Es ist also notwendig, daß der Spannungsabfall des Mehrfachnebenwiderstandes möglichst klein gehalten werden kann.

e) Der höchste Wechselspannungsbereich und der Stromverbrauch der Wechselspannungsbereiche ist durch die Verwendbarkeit, bezw. den zulässigen Frequenzfehler bei 10 000 Hz festgelegt, wobei der Stromverbrauch der Spannungsmeßbereiche die wichtigere Rolle spielt. Bei den höheren Wechselspannungsbereichen spielt dann die Kapazität der hochohmigen Vorwiderstände gegeneinander und gegen die Metallteile oder dem eventuell vorhandenen Schirm des Meßgerätes eine große Rolle.

f) Der kleinste Wechselspannungsbereich und der Spannungsabfall der Wechselstrombereiche ist durch den zulässigen Temperaturfehler gegeben.

Während also im wesentlichen die charakteristischen Eigenschaften des Gleichrichters bei der zweckmäßig empirischen Bestimmung der optimalen Meßschaltung maßgebend sind, geben die zuletzt aufgezählten sechs Nebenbedingungen die Meßbereichgrenzen an. Diese Grenzen werden im gewissen Sinne enger, je empfindlicher die Meßanordnung sein soll, also je empfindlicher das Anzeigemeßwerk, je kleiner der Spannungsabfall an den Nebenwiderständen für die Strommessung und je kleiner der Stromverbrauch der Spannungsmeßbereiche gewählt wird.

3. Meßbereichunterteilung.

In den im vorangegangenen Kapitel festgelegten Meßbereichgrenzen hat der Hersteller eines Vielfachgerätes die Wahl, je nach Verwendungszweck beliebig viele Meßbereiche unterzubringen. Während in Europa diese Meßbereichunterteilung unter dem Gesichtspunkt vorgenommen wurde, eine möglichst universelle Anwendung im Gebiet der Stark- und Schwachstromtechnik zu gewährleisten, zeigen amerikanische Meßgeräte dieser Art eine weitgehende Anpassung an den Verwendungszweck. Vor allem sind derzeit Meßgeräte für die Überprüfung und für Messungen an Fernsehgeräten dort in hoher Verwendung. In diesen Geräten sind vielfach sehr hohe Gleichspannungsmeßbereiche, in der Regel für 5 ... 6 kV mit einem sehr geringen Stromverbrauch, z. B. 50 μA (20 000 Ohm/V), eingebaut, dagegen fehlen meistens die Wechselstrommeßbereiche, hauptsächlich die kleineren. Es ist dies nicht allein darauf zurückzuführen, daß für diese Meßbereiche keine unbedingte Notwendigkeit vorhanden ist, sondern die gestellten Forderungen oder Nebenbedingungen schränken eben den Meßbereichumfang in mancher Hinsicht ein.

Andrerseits ist es möglich, durch verschiedene Zusatzgeräte, wie ansteckbare Wandler, Vor- oder Nebenwiderstände noch eine gewisse Erweiterung des Meßbereichumfanges zu erzielen. Vielfach werden die Instrumente in der Gleichstromschaltung mit eingebauten oder ansteckbaren Widerstandsmeßzusätzen verwendet und die Skala des Meßwerkes mit ein oder mehreren Ohmteilungen ausgeführt. In der Wechselstromschaltung werden die mit einer db-Skala ausgeführten Meßgeräte häufig auch zur Messung von Dämpfung und Verstärkung, mit entsprechenden Zusätzen auch manchmal in ähnlicher Weise für Kapazitätsmessungen verwendet.

Bei der stetigen Unterteilung des gesamten Meßbereichumfanges, wie sie für eine universelle Anwendung eines Gerätes notwenig ist, kommt man, unter der Bedingung, daß das Meßwerk nur mit je einer Skala für Gleich- und Wechselstrom ausgeführt werden soll, automatisch auf die gebräuchliche und bewährte Ausführung der Meßbereichunterteilung 1,5 : 3 : 6 und deren Vielfache, bei 60-teiliger, von 0 ... 30 bezifferter Skala, mit den entsprechenden Skalenkonstanten × 2, × 1, × 5 (bezw. : 2) und deren dekadische Vielfache. Diese Meßbereichunterteilung gewährleistet auch bei am Anfang stark gedrängter Skala noch eine genügend genaue Ablesemöglichkeit.

Es soll in diesem Zusammenhang darauf hingewiesen werden, daß die Meßgenauigkeit der Vielfachmeßgeräte von ± 1,5% bezogen auf den Endausschlag bei Wechselstrom, bezw. von ± 1% bei Gleichstrom, auch bei einer relativ kurzen Skalenlänge von zirka 50 bis 70 mm, also auf ± 0,75 ... ± 1,05 mm der Wechselstromskala, bezw. 0,5 ... 0,7 mm der Gleichstromskala, immer gewährleistet ist. Die Ausführung des Zeigers mit Messerschneide und eine spiegelunterlegte Skala um den Parallaxfehler zu beseitigen, sowie eine längere Skala erhöht nur die Ablesegenauigkeit, selbstverständlich aber nicht die absolute Meßgenauigkeit, die ja, wie aus den bisherigen Ausführungen hervorgeht, innerhalb der angegebenen Meßgenauigkeit von der Temperatur und Frequenz usw. abhängig ist. Die längere Skala erfordert aber auch einen längeren und schwereren Zeiger und bei sonst gleicher mechanischer Ausführung und gleicher Strom- und Spannungsempfindlichkeit des Meßwerkes, wird der Gütegrad des Meßwerkes etwas schlechter, dieses also gegen mechanische Stöße empfindlicher, gleichzeitig wird Einstellzeit und Dämpfung schlechter. Es ist also wenig zweckmäßig, vielleicht aus Schönheitsgründen, die an sich unnötige Vergrößerung der Skala auf Kosten eines mechanisch schlechteren Meßwerkes zu weit zu treiben.

VII. Beeinflussung des äußeren Stromkreises bei der Messung mit Gleichrichter-Meßgeräten.

Bei der Verwendung von Gleichrichtermeßgeräten können noch Meßfehler entstehen, deren Ursachen nicht im Meßgerät selbst zu suchen sind, sondern in der Natur der Meßmethode und in den verschiedenen Eigenarten der Gleichrichterventile.

Der mit dem Strom im Meßzweig des Gerätes veränderliche Widerstand des Gleichrichters beeinflußt unter Umständen die Größe der zu messenden Daten. Liegt z. B. ein einfacher Gleichrichter-Spannungsmesser an einem Stromkreis mit hohem Widerstand, so kann das Instrument als veränderliche Belastung des Stromkreises wirken und die gemessenen Werte werden wesentlich vom Widerstand des eingeschalteten Meßbereiches abhängen. Der Spannungsmesser zeigt allerdings stets die richtige Spannung an seinen Klemmen.

Ähnlich liegt der Fall bei einem Gleichrichter-Milliamperemeter. Ein solches wirkt, wie jedes andere Amperemeter als zusätzlicher Widerstand im Stromkreis, nur mit dem Unterschied gegen den gewöhnlichen Fall, daß der Instrumentenwiderstand sich mit der durchfließenden Stromstärke noch ändert. Hat z. B. das Gleichrichter-Milliamperemeter bei einem dem Skalenendwert entsprechenden Strom von 0,5 mA einen inneren Widerstand von etwa 700 Ohm einschließlich des Meßwerkwiderstandes, bei 0,15 mA dagegen etwa 1 500 Ohm, und ist der Widerstand des äußeren Stromkreises verhältnismäßig hoch, dann verursacht diese Widerstandsänderung eine vernachlässigbare Stromänderung. Ist der Stromkreis jedoch niederohmig, z. B. nur 1 000 Ohm, dann ist der Gesamtwiderstand im Stromkreis bei Vollausschlag des Instrumentes 1 700 Ohm, der vom Instrument angezeigte Strom ist daher $\frac{1\,000}{1\,700} \cdot 100 =$ zirka 59% der Stromstärke, die ohne Instrument im Stromkreis fließen würde. Für den Fall des Instrumentenwiderstandes von 1 500 Ohm bei 0,15 mA werden nur $\frac{1\,000}{1\,500} \cdot 100 =$ zirka 40% des Stromes angezeigt, der ohne Instrument fließen würde. In jedem Fall zeigt aber das Instrument den wirklich vorhandenen richtigen Strom an.

Unter der Voraussetzung, daß die äußeren Stromkreise nur aus Ohmschen Widerständen bestehen und die Änderung des inneren Widerstandes des Meßinstrumentes bekannt ist, lassen sich also die Zusammenhänge leicht überblicken und aus den Meßergebnissen die Änderung des Stromkreises ermitteln. Für solche Messungen ist es natürlich am besten, Instrumente mit niedrigem, gegen den Widerstand des äußeren Stromkreises vernachlässigbaren Ohmschen Widerstand zu verwenden. Da die inneren Widerstände vor allem die Durchlaßwiderstände der Gleichrichter mit höherer Nennstromstärke bedeutend niedriger werden, wird man immer einen Gleichrichter mit möglichst hohem Nennstrom verwenden. Bei höherer Frequenz ist allerdings zu berücksichtigen, daß dann dieser Gleichrichter eine größere Kapazität hat und zu einem größeren Frequenzfehler Anlaß geben kann.

Weniger übersichtlich sind die Fälle, wenn man mit einem Milliamperemeter, das mit eingeprägtem, sinusförmigem Strom geeicht wurde, nicht den Strom durch einen Ohmschen Widerstand, der an eine Wechselspannung gelegt wurde, sondern induktive oder kapazitive Scheinwiderstände zu messen hat. Es läßt sich dann nachweisen, daß ein induktiver Scheinwiderstand die Verzerrung des Stromes bei eingeprägter Spannung vermindert und damit der Anzeigefehler verkleinert wird, während ein kapazitiver Scheinwiderstand die gegenteilige Wirkung hat. Da der Phasenwinkel zwischen Wirk- und Blindkomponente sehr verschiedene Werte annehmen kann und die Verminderung, bezw. Erhöhung des Anzeigefehlers von der Größe des inneren Widerstandes des Gleichrichters abhängig ist, ist zur zahlenmäßigen Bestimmung der jeweiligen Korrektur ein erheblicher Rechenvorgang notwendig. Es würde im Rahmen dieser Arbeit zu weit führen, diese Sonderfälle zu behandeln, zumal die Schaltung der Vielfachmeßgeräte und die Meßbereiche im allgemeinen so gewählt sind, daß eine zusätzliche Verzerrung durch die äußeren Scheinwiderstände weitgehend vermieden wird.

Nicht unerwähnt soll noch gelassen werden, daß das Messen mit Wandlern, soweit diese nicht von den Herstellerfirmen selbst als Zubehör für ein bestimmtes Vielfachmeßgerät bezeichnet werden, mit einiger Vorsicht und Sachkenntnis durchgeführt werden muß. Wird z. B. ein Gleichrichterinstrument in Verbindung mit einem Stromwandler verwendet, so kann das Verhältnis des primären zum sekundären Strom praktisch unabhängig von Strom, Frequenz und Wellenform gemacht werden, entweder indem man eine Sekundärwicklung mit sehr großer Selbstinduktivität verwendet oder indem man einen niedrigen Widerstand parallel zu den Sekundärklemmen eines gewöhnlichen Stromwandlers schaltet und das Gleichrichtervoltmeter zur Messung des Spannungsabfalles an diesen Widerstand verwendet. Wenn der Gleichrichter aber in Reihe mit einem verhältnismäßig hohen Widerstand an eine Sekundärwicklung mit relativ kleinem Scheinwiderstand angeschlossen wird, dann ist der gleichgerichtete Strom proportional der Frequenz und wird in hohem Maße von den Harmonischen im Primärstrom beeinflußt. Je höher die Frequenz der Harmonischen, desto größer ist dann der Fehler.

Schließlich soll hier noch erwähnt werden, daß das Meßwerk des Gleichrichterinstrumentes, wie jedes andere Drehspulmeßwerk von stärkeren Magnetfeldern beeinflußt werden kann und daher auch diese Meßgeräte nicht in der Nähe von Leitungen aufgestellt werden sollen, die starke Gleichströme führen. Die Beeinflussung hängt von der Größe und Lage des äußeren Feldes zum Magnetfeld des Meßwerkes ab. Im allgemeinen soll ein Magnetfeld von 5 Gauß die Meßgenauigkeit innerhalb der angegebenen Klassengenauigkeit nicht beeinflussen.

Zweiter Teil.

Das Trockengleichrichter-Vielfachmeßgerät in der Praxis unter besonderer Berücksichtigung der Normameter-Schaltung.

Einleitung.

1. Gleichzeitigkeit der Strom- und Spannungsmessung.

Bei allen praktischen Messungen handelt es sich immer um die Bestimmung der Abhängigkeit einer physikalischen, insbesondere einer elektrischen Größe von einer anderen. Einer der häufigsten Fälle ist die Messung der Abhängigkeit des Stromes durch einen bestimmten Verbraucher bei veränderlicher Spannung oder auch nur die Bestimmung eines Stromverbrauches bei einer bestimmten konstanten Spannung. Es müssen daher, besonders bei zeitlich unregelmäßig veränderlichen Größen, Vorkehrungen getroffen werden, daß beide Größen, Strom und Spannung, möglichst gleichzeitig oder zeitlich ohne größere Pause unmittelbar rasch aufeinanderfolgend gemessen werden können. Nur dann können Leistungs- oder Widerstandsbestimmungen durch Strom- und Spannungsmessungen mit einiger Genauigkeit durchgeführt werden. Auch die Kapazitäts- und Induktivitätsmessungen lassen sich unter gewissen Voraussetzungen, z. B. bei konstanter Frequenz usw., nach diesen Gesichtspunkten durchführen.

Mit folgerichtiger Konsequenz hat daher die Firma Norma seit den Anfängen der Entwicklung der Vielfachmeßgeräte diesem Umstand Rechnung getragen und trotz der etwas teuren Ausführung bei dem Normameter GW nach Abb. 29 für die Strom- und für die Spannungsmeßbereiche je einen getrennten Meßbereichwähler, einen getrennten Strom-Spannungs-(A-V-)Umschalter, sowie drei Anschlußklemmen für den Strom- und Spannungsanschluß vorgesehen. Die Strom-Spannungs-Umschaltung kann unabhängig von der Wahl der Meßbereiche erfolgen und es ist offensichtlich, daß durch diese Anordnung bei den Messungen praktisch ein zweites Instrument erspart wird. In diesem Zusammenhang soll darauf hingewiesen werden, daß bei der Umschaltung von der Strom- auf die Spannungsmessung weder eine Unterbrechung des Stromkreises und, wie im späteren eingehend besprochen werden wird, noch eine wesentliche Änderung des

Widerstandes im Stromkreis und ebenso keine wesentliche Änderung der Belastung durch Abschaltung des Spannungsmesservorwiderstandes eintritt. Nichts könnte die Anerkennung, die diese Lösung gefunden hat, treffender beweisen, als die Tatsache, daß auch namhafte Meßgerätefirmen, sogar erst in jüngster Zeit

Abb. 29. Normameter GW.[1]

darangegangen sind, die von ihnen entwickelten Vielfachmeßgeräte nicht mehr mit einem gemeinsamen Umschalter, sondern in gleicher Weise mit den drei erwähnten Schaltern auszuführen.

2. Mechanische Einzelheiten.

Im folgenden sollen noch Einzelheiten der mechanischen Ausführung kurz besprochen werden. Die Schalter sind durchwegs versenkt eingebaut, was ohne Störung des gefälligen Aussehens den Vorteil hat, daß bei der Vornahme der häufig notwendigen Schaltungsänderungen, Meßkabel an vorstehenden Griffen nicht

[1] Hersteller: Norma Fabrik elektrischer Meßgeräte Ges. m. b. H., Wien XI/79, Fickeysstraße 1—11.

hängen bleiben können und damit ein unabsichtliches Herunterzerren des Meßgerätes vom Meßtisch vermieden erscheint. Der Gleich-Wechselstromumschalter ist von unten zu betätigen. Dies ist wenig störend, da im allgemeinen dieser Schalter noch vor der Anschaltung des Meßgerätes, bezw. vor den Messungen richtig eingestellt wird und so eingestellt bleibt. Ein unabsichtliches Umschalten ist durch diese Anordnung gänzlich ausgeschlossen. Durch das notwendige Aufheben des Gerätes von seiner Unterlage wird man gleichzeitig gewarnt und auf die Wichtigkeit der richtigen Einstellung automatisch aufmerksam gemacht.

3. Spannungsabfall und Stromverbrauch. Meßbereiche.

Bei der Entwicklung des Normameters spielte ferner die Wahl der Größe des Spannungsabfalles bei den Strommeßbereichen und des Stromverbrauches bei den Spannungsmeßbereichen eine wesentliche Rolle. Da, wie im ersten Teil gezeigt wurde, in der Wechselstromschaltung (Vollwegschaltung mit Serien-Ersatzwiderständen) mindestens ein Spannungsabfall von etwa 0,7 bis 0,8 V an den Nebenwiderständen für die Strommessung notwendig ist, damit der Temperaturfehler bezogen auf den Vollausschlag des Instrumentes bei Raumtemperaturänderungen von $+10 \ldots +30^0$ C, nicht größer wird als etwa $\pm 1 \ldots \pm 1{,}5\%$ andrerseits bei den Gleichstrommessungen nur der Spannungsabfall im Drehspulmeßwerk und an einem entsprechend großen Vorwiderstand aus temperaturunabhängigem Material (z. B. Manganin) in Betracht kommt, — letzterer Spannungsabfall also an sich bedeutend niedriger gehalten werden kann als ersterer, — wurde bei dem Normameter GW bei Wechselstrom ein Spannungsabfall von 750 mV, bei Gleichstrom ein solcher von nur 150 mV gewählt. Dadurch ist es möglich, für Gleich- und Wechselstrom die gleichen Nebenwiderstände zu verwenden. Es wird also bei Gleichstrom schon bei einem Fünftel des Stromes gegenüber dem Wechselstrom in derselben Stellung des Meßbereichwählers der Vollausschlag des Anzeigeinstrumentes erreicht.

Das gleiche gilt für die Spannungsmeßbereiche, die mit Hilfe des Spannungsmeßbereichwählers, bezw. des Vorwiderstandes eingestellt werden. In Hinblick auf den oben erwähnten, zulässigen Temperaturfehler beträgt der Stromverbrauch bei den Wechselspannungsmeßbereichen 3 mA, bei den Gleichspannungsmeßbereichen 0,6 mA. Das mit einer relativ hohen Stromempfindlichkeit von 0,3 mA gewählte Drehspulmeßwerk kann, nebenbei erwähnt, noch mit hohem Gütegrad, guter Dämpfung und kurzer Einstellzeit gebaut werden. Auch hier steht der Stromverbrauch bei den Wechselspannungsbereichen zu den bei den Gleichspannungsbereichen im Verhältnis 5 : 1 und es können die gleichen Widerstände verwendet werden. Der Stromverbrauch bei den Gleichspannungsbereichen muß wegen der Messung von Spannungen an Gleichspannungsquellen mit relativ hohem Innenwiderstand gering gehalten werden.

Wie das Prinzipschema (Abb. 30 a) und die praktische Schaltung (Abb. 30 b) des Normameters zeigt, entspricht jeder Stellung der Meßbereichwähler je eine Stellung für Gleich- und je eine für Wechselstrom. Um Verwechslungen zu vermeiden, sind die Bezeichnungen an den Schaltern verschiedenfärbig.

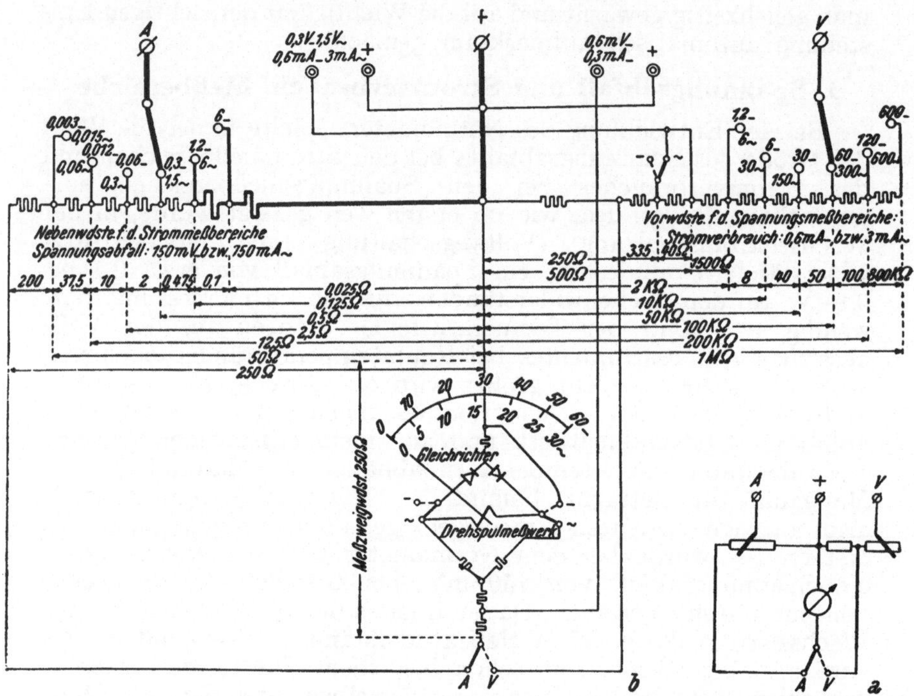

Abb. 30. Normameter GW. Prinzipschema und praktische Schaltung.

Neben den durch die Meßbereichwähler einstellbaren Meßbereiche sind noch einige an Buchsen herausgeführte kleinere Meßbereiche vorhanden, die besonders dem Radiotechniker sehr zustatten kommen. Der 60 mV-Gleichspannungsmeßbereich gestattet überdies, wie dies aus den folgenden Anwendungsbeispielen noch hervorgeht, den Anschluß jedes beliebigen Shunts, so daß damit der Gleichstrommessung nach oben keine Grenze gezogen ist.

Die Gleichstromskala des Instrumentes ist linear, 60-teilig und von 0 ... 60 beziffert, die am Anfang etwas gedrängte Wechselstromskala ist ebenfalls 60-teilig und von 0 ... 30 beziffert. Durch diese Bezifferung ist gewährleistet, daß sämtliche Ablesekonstanten nur Vielfache von × 1, × 2 oder : 2 betragen und damit jedes lästige Umrechnen der abgelesenen Werte vermieden erscheint.

Es soll hier darauf verwiesen werden, daß im Laufe der jahrelangen Herstellung des Normameters, meist zum Zwecke einer besseren Anpassung an den Verwendungszweck, einige kleinere Änderungen der inneren Schaltung, der Skalenausführung usw. durchgeführt wurden. Die angegebenen Daten beziehen sich im wesentlichen auf die derzeitige Ausführung. Die in den folgenden Kapiteln angegebenen Schaltungen zur Messung elektrischer und physikalischer Größen und die in diesem Zusammenhang gegebenen Richtlinien zur Berücksichtigung des Eigenverbrauches, der sonstigen charakteristischen Eigenschaften usw., können jedoch auch bei der älteren Ausführung sinngemäß angewendet werden.

4. Innerer Widerstand.

Bei Leistungs- und Widerstandsbestimmungen in niederohmigen Kreisen muß bekanntlich der innere Widerstand der Meßgeräte Beachtung finden. Im Schaltungsschema (Abb. 30 b) sind daher zunächst die wichtigsten Widerstandswerte für alle Strom- und Spannungsmeßbereiche eingetragen. Bei der Bestimmung des inneren Widerstandes der verschiedenen Meßbereiche ist folgendes zu berücksichtigen: die eingetragenen Werte der Nebenwiderstände für die Strommeßbereiche sind streng genommen nur dann gleich dem inneren Widerstand des Meßgerätes bei dem gewählten Bereich, wenn der A-V-Umschalter auf *V* steht. Mit diesen Werten werden also die Stromkreise belastet, während die Spannungsmessungen vorgenommen werden. Bei der Strommessung (Stellung *A* des A-V-Umschalters) wird dann der Meßzweig, der bei Gleichstrom aus dem Meßwerkswiderstand und einigen Vorwiderständen, bei Wechselstrom noch aus dem Gleichrichterwiderstand besteht, und in beiden Fällen 250 Ohm beträgt, parallel zu dem Mehrfachnebenwiderstand geschaltet, so daß eine geringe Verkleinerung der Nebenwiderstände eintritt. Es verändern sich die Nebenwiderstände bei den Meßbereichen:

0,003 A — und 0,015 A ∼: von 50 auf 45 Ω, also um — 10%,
0,012 A — und 0,006 A ∼: von 12,5 auf 12,19 Ω, also um — 2,5%,
0,06 A — und 0,3 A ∼: von 2,5 auf 2,488 Ω, also um — 0,5%.

Bei allen übrigen Strommeßbereichen ist diese Änderung vernachlässigbar klein und praktisch nicht mehr feststellbar.

Bei den höchsten Gleichstrommeßbereichen tritt gegenüber dem rechnungsmäßigen Spannungsabfall von 150 mV, wegen der Widerstände der notwendigen Zuleitungen und wegen der Klemmenwiderstände im Inneren des Meßgerätes, eine Erhöhung des Spannungsabfalles, und zwar bei dem Meßbereich 6 A auf etwa 200 mV, bei dem Meßbereich 1,2 A auf etwa 160 mV ein.

In analoger Weise wie bei den Strommeßbereichen gelten die eingetragenen Werte des inneren Widerstandes der Spannungsmeßbereiche streng genommen nur dann, wenn der A-V-Umschalter auf A steht. Mit diesen Werten wird also die Spannungsquelle zusätzlich belastet, wenn eine Strommessung vorgenommen wird. Bei der Spannungsmessung (Stellung V des A-V-Umschalters) wird dann der Meßzweig von 250 Ohm parallel zu einem 250 Ohm betragenden Ersatzwiderstand für den in der bekannten Schaltung nach *Ayrton* aufgebauten Mehrfach-Nebenwiderstand geschaltet, so daß eine geringe Erhöhung der Vorwiderstände eintritt. Diese Erhöhung beträgt in jedem Fall nur 25 Ohm. Bei dem kleinsten, an dem Meßbereichwähler wählbaren Gleichspannungsmeßbereich 1,2 V, bezw. bei dem Wechselspannungsbereich 6 V, — beide mit einem inneren Widerstand von 2 000 Ω, — beträgt also diese Erhöhung nur 1,25 %. Schon bei diesen kleinsten Meßbereichen und bei allen übrigen Spannungsmeßbereichen ist also diese, sich lediglich als geringe Belastungsänderung der Spannungsquelle auswirkende Änderung, praktisch vernachlässigbar klein.

Der innere Widerstand bei den an Buchsen zugänglichen Meßbereichen ergibt sich aus den angegebenen Spannungs- und Stromwerten für den Vollausschlag bei 60 mV und 0,3 mA mit 200 Ohm, bei 0,3 V und 0,6 mA Gleichstrom, sowie bei 1,5 V und 3 mA Wechselstrom mit 500 Ohm.

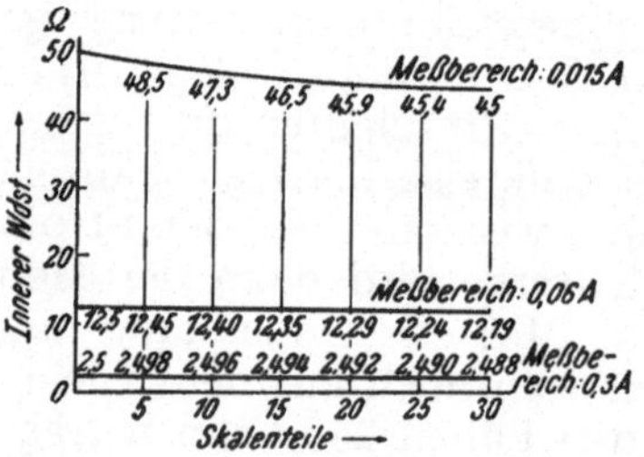

Abb. 31. Abhängigkeit des inneren Widerstandes von der Strombelastung bei den Wechselstrommeßbereichen.

Bei den Wechselstrommeßbereichen ist ferner noch zu berücksichtigen, daß sich der Gleichrichterwiderstand mit der Strombelastung und damit der gesamte innere Widerstand des Meßgerätes ändert. Diese Änderung wirkt sich, wie in Abb. 31 gezeigt wird, allerdings praktisch — und dies auch nur im geringen Maße, — lediglich bei dem Meßbereich 15 mA aus. Noch wesentlich geringere Änderungen sind auch bei den Bereichen 60 und 300 mA feststellbar. Bei allen übrigen Wechselstrom- und Spannungsbereichen, auch bei den an Buchsen zugänglichen kleinen Bereichen für 1,5 V und 3 mA, kann mit einem konstanten, vom durchgehenden Strom, bezw. von der angelegten Spannung unabhängigen inneren Widerstand gerechnet werden.

5. Temperatur- und Frequenzabhängigkeit der Anzeige.

Alle Gleichstrom- und Gleichspannungsmeßbereiche des Normameters haben bei den Temperaturen von + 10 ... + 30° C einen vernachlässigbar kleinen Temperaturfehler mit

Ausnahme des 60 mV Meßbereiches. Bei diesen bewirkt die Änderung des Widerstandes der Drehspulwicklung eine Ausschlagsänderung des Meßwerkes von etwa $\pm$ 0,1% pro $\pm$ 1° C bezogen auf die Eichung bei 20° C.

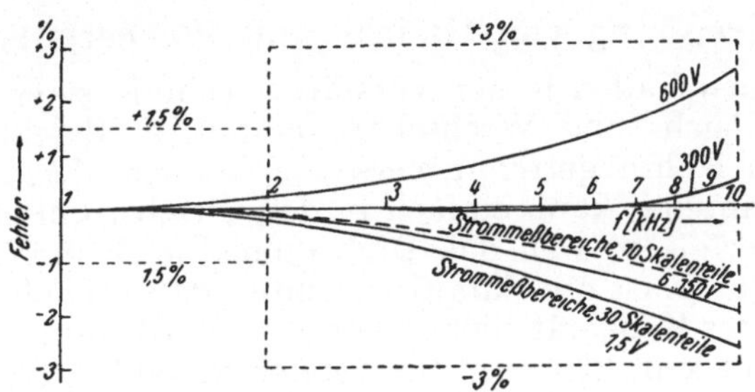

Abb. 32. Abhängigkeit der Anzeige von der Frequenz.

Der Temperaturfehler bei den Wechselstrom- und Wechselspannungsmeßbereichen kann, wie bereits im ersten Teil gezeigt wurde, zahlenmäßig nicht genau festgelegt werden. Er liegt jedoch in jedem Fall bei Raumtemperaturen von + 10 ... + 30° C unterhalb der Grenzen von $\pm$ 1,5%. Er ist bekanntlich abhängig von der Änderung des Durchlaß- und des Sperrwiderstandes des Gleichrichters und von der Änderung des Ohmschen Widerstandes des Meßwerkes mit der Temperatur und ist im allgemeinen bei den höheren Spannungsmeßbereichen etwas geringer, bei den, den kleineren Ausschlägen des Meßwerkes entsprechenden Wechselströmen oder Wechselspannungen etwas höher, ohne die 1,5%-Grenze zu überschreiten. Im allgemeinen werden die Ausschläge bei Temperaturen über 20° C wegen der Verringerung des Gleichrichterwiderstandes größer, bei den Temperaturen unter 20° C kleiner, doch ist die Abhängigkeit nicht vollkommen linear und ist etwas verschieden für die einzelnen Meßbereiche.

Die durchschnittliche Abhängigkeit der Anzeige von der Frequenz gibt Abb. 32, in der auch die zulässigen Grenzen ($\pm$ 1,5% für Frequenzen bis 2 kHz, $\pm$ 3% bis 10 kHz) eingetragen sind. Bei den Strommeßbereichen und den niedrigen Spannungsmeßbereichen bewirkt die Kapazität des Gleichrichters bei höheren Frequenzen eine Verminderung der Anzeige, bei den höheren Spannungsmeßbereichen die Kapazität der Vorwiderstände und Zuleitungen im Inneren des Gerätes eine Vergrößerung der Anzeige. Die Kurven gelten für den Vollausschlag des Meßgerätes. Bei kleineren Ausschlägen wird die Frequenzabhängigkeit wesentlich geringer. Als Beispiel ist die Kurve für alle Strommeßbereiche bei einem Drittel des Vollausschlages (Teilstrich 10 der Skala) angegeben. Bei allen Spannungsmeßbereichen, vor allem bei den höheren, wird bei den kleineren Ausschlägen die Frequenzabhängigkeit bedeutend geringer und beträgt, selbst bei dem größten Meßbereich 600 V und bei einem Drittel des Vollausschlages, also bei 200 V, weniger als 1 %.

6. Trennung von Gleich- und Wechselstrom.

In manchen Fällen in der Verstärkertechnik ist es wünschenswert, den Gleich- und Wechselstromanteil, z. B. eines Anodenstromes einer Röhre, getrennt messen zu können. Die Messung des Gleichstromanteiles kann einfach in der Gleichstromschaltung des Meßgerätes erfolgen, weil das Drehspulmeßwerk nur den Gleichstrom anzeigt. Es ist nur darauf zu achten, daß bei hohem Wechselstromanteil das Meßgerät nicht überlastet wird, und es soll daher in diesem Fall kein kleinerer Meßbereich gewählt werden, als der, der dem Gesamtstrom, bezw. der Gesamtspannung entspricht.

Schwieriger ist es, den Wechselstromanteil allein zu messen. Im Prinzip könnte z. B. im Meßzweig des Meßgerätes ein Kondensator der Gleichrichterschaltung vorgeschaltet werden, der in der Wechselstromschaltung des Meßgerätes den Gleichstrom sperrt. Dieser Kondensator würde aber in Hinblick auf niedere technische Frequenzen, — für die das Meßgerät auch vor allem in der Starkstromtechnik in großem Umfang zur Verwendung kommt, — so große Dimensionen annehmen, daß ein Einbau in das Meßgerät nicht mehr in Frage kommt.

Etwas günstiger verhält sich ein Transformator im Meßzweig, an dessen Sekundärseite der Gleichrichter mit dem Meßwerk angeschlossen wird. Außer dem durch diese Anordnung bedingten höheren Leistungsverbrauch, wird durch den Transformator das Frequenzverhalten im allgemeinen sehr wesentlich beeinflußt und die Anwendung des Gerätes auf einen kleineren und engeren Frequenzbereich eingeschränkt.

Die Verschlechterung einiger charakteristischen Eigenschaften und der erhöhte Aufwand haben dazu geführt, daß von dem Einbau des Transformators bei Trockengleichrichter-Vielfachmeßgeräten nicht immer Gebrauch gemacht wird, umsomehr als diese Anordnung nur in Spezialfällen notwendig ist.

Es kann jedoch für diese Fälle, und zwar für alle Wechselspannungs- und für die kleineren Wechselstrommeßbereiche ein einfacher Kondensator dem Meßgerät vorgeschaltet werden, dessen Mindestkapazität, wie im späteren noch ausführlich beschrieben werden wird, je nach dem inneren Widerstand des Meßgerätes und der vorliegenden Frequenz gewählt wird. Für die sehr selten vorkommenden Fälle der Messung sehr hoher Wechselstromanteile, kommt man bei den höheren Wechselstrommeßbereichen des Meßgerätes mit einem Kondensator nicht mehr aus. Man verwendet dann einen entsprechenden Stromwandler, wie dies ebenfalls noch beschrieben werden wird.

7. Magnetische Beeinflussung des Drehspulmeßwerkes.

Wie im ersten Teil bereits erwähnt, wird die Anzeige jedes Drehspulmeßwerkes von stärkeren Magnetfeldern beeinflußt. Diese Beeinflussung ist abhängig von der Größe und Lage des Fremdfeldes und ist entsprechend den Vorschriften für Meßgeräte, bei einem Fremdfeld von 5 Gauß, beim Normameter gemäß der zutreffenden Klasse nicht größer als $\pm 1\%$.

Bei Messungen in einem senkrechten Abstand R (in cm) von einer Leitung, durch die ein Gleichstrom J (in A) fließt, errechnet sich die Feldstärke H (in Gauß) aus:

$$H = \frac{2\,J}{10\,R}.$$

Die Beeinflussung ist am stärksten, wenn die Kraftlinien des Fremdfeldes parallel oder entgegengesetzt zum Magnetfeld des Meßwerkes laufen, also beim Normameter quer durch das Gehäuse.

Es ist ferner zu erwähnen, daß Drehspulinstrumente sich gegenseitig magnetisch beeinflussen. Es sollen daher derartige Geräte nach Möglichkeit nicht knapp nebeneinander, sondern wenigstens in einem Abstand von etwa 20 ... 25 cm voneinander aufgestellt werden. Dies gilt auch für Normameter, trotzdem die Beeinflussung zweier Normameter, auch dann wenn sie unmittelbar nebeneinander stehen, nur etwa — 0,5 ... — 0,7% beträgt.

8. Überlastbarkeit.

Die Überlastbarkeit der Trockengleichrichter-Vielfachmeßgeräte ist wesentlich höher, als im allgemeinen gewöhnlich angenommen wird und ist abhängig von der Überlastbarkeit des Gleichrichters, des Meßwerkes und der einzelnen Vor- und Nebenwiderstände.

Wie schon im ersten Teil beschrieben, hängt die Überlastbarkeit des Gleichrichters in erster Linie von der maximal zulässigen Spannung in der Sperrichtung ab, also von der Amplitude des Spannungsabfalles, den der Strom in der Durchlaßrichtung im Durchlaßwiderstand und im Meßwerkswiderstand erfährt. Mit grober Annäherung kann man sagen, daß der Gleichrichter um etwa 100 ... 200% bezogen auf den Nennstrom überlastet werden kann, ohne daß sich seine charakteristischen Werte ändern. Da ferner gewöhnlich ein Gleichrichter für eine höhere Nennstromstärke gewählt wird und der Gleichrichter bei Vollausschlag des Meßwerkes nur mit einer wesentlich geringeren Stromstärke belastet ist, erhöht sich die Überlastbarkeit des Gleichrichters bezüglich des normalen Betriebsstromes um ein Mehrfaches. So beträgt z. B. beim Normameter die Nennstromstärke des Gleichrichters 10 mA, während der Strom im Meßzweig bei Vollausschlag des Meßwerkes nur 1,5 mA ist. Der Gleichrichter ist also einer sehr hohen Überlastung gewachsen und tatsächlich sind durchgeschlagene Gleichrichter in derartigen Meßgeräten auch bei schweren Überlastungen eine Seltenheit. Es soll noch erwähnt werden, daß die Geräte gewöhnlich nur etwa 50 bis 70% des richtigen Ausschlages zeigen, wenn ein Gleichrichterventil durchgeschlagen ist.

Beim Drehspulmeßwerk muß man unterscheiden zwischen der thermischen und der mechanischen Überlastbarkeit. Da die Wattbelastung der Drehspulwicklung durch den normalen Betriebsstrom nur wenige Mikrowatt beträgt, die Wicklung selbst aber einige Zehntel Watt aushält, ist eine thermische Überlastung des Meßwerkes praktisch überhaupt nicht möglich. Maßgeblich ist jedoch die mechanische Überlastungsfähigkeit. Diese ist gegeben durch die Festigkeit der Armatur des beweglichen Teiles des Meßwerkes und vor allem durch die Festigkeit des Zeigers. Da dieser aus anderen Gründen, vor allem wegen des mechanischen Gütegrades des Meßwerkes nicht zu stark gewählt werden kann, kann die Festigkeit nur für eine plötzliche Stoßüberlastung von etwa 100 ... 200% berechnet werden. Eine sich allmählich steigernde Überlastung wirkt sich naturgemäß viel weniger aus.

Die thermische Überlastbarkeit der eingebauten Widerstände ist auch bei den durch den normalen Betriebsstrom stärker belasteten Widerständen bei kurzzeitiger Überlastung etwa 100 ... 200%, so daß sich irgend eine Schutzschaltung oder eine Anbringung eines Schutzwiderstandes, der bei der Messung die Empfindlichkeit des Meßwerkes zunächst herabsetzt und zur Einschaltung der vollen Empfindlichkeit durch einen Taster kurz geschlossen werden kann, erübrigt. Die Vor- und Nebenwiderstände für die kleinsten an den Meßbereichwählern einstellbaren Meßbereiche sind natürlich bei Überlastungen durch unsachgemäße Behandlung am meisten gefährdet. Die Widerstände können unter Umständen durchbrennen, ihr Ersatz verursacht jedoch nur verhältnismäßig geringe Kosten. Diese Art der Überlastung kann im übrigen durch Anbringung eines derartigen Schutztasters nicht verhindert werden.

Meßmethoden und Verfahren des praktischen Gebrauches bei Vielfachmeßgeräten.

Wie eingangs erwähnt, soll es der Zweck der vorliegenden Arbeit sein, an Hand von allgemein interessierenden Anwendungsbeispielen aus allen Gebieten der elektrischen Meßtechnik unter Berücksichtigung der charakteristischen Eigenschaften, den Umfang und die Grenzen der Verwendungsmöglichkeit der Vielfachmeßgeräte festzulegen und die Richtlinien aufzuzeigen, die sich ergeben, wenn unter anderem die hohe Empfindlichkeit bei den Messungen voll ausgenützt werden soll.

Im folgenden sollen, im wesentlichen ausgehend von der Bestimmung der Abhängigkeit eines Stromes, bezw. einer Spannung, von einer anderen elektrischen oder physikalischen Größe oder der Abhängigkeit der beiden Größen untereinander, bei Gleich- oder Wechselstrom, die Leistungs-, Widerstands-, Kapazitäts-, Induktivitätsbestimmungen usw. behandelt werden. Die Meßverfahren sind bekannt und einfach. Durch allgemeine meßtechnische Erfahrungen ergänzt, ergibt sich, wie gezeigt werden soll, eine wesentliche Erweiterung der Anwendungsmöglichkeit für diese Meßgeräte.

I. Gleichstrommessungen.

Im wesentlichen werden nach den erwähnten allgemeinen Gesichtspunkten bei den Gleichstrommessungen folgende praktische Fälle in Betracht zu ziehen sein:

Als Bestimmung der Abhängigkeit eines Gleichstromes von einer anderen elektrischen Größe: Strommessungen bei konstanter Spannung und Vergleich zweier Ströme, und als Beispiel der Bestimmung der Abhängigkeit eines Gleichstromes von einer anderen physikalischen Größe: die Bestimmung der Abhängigkeit des Stromes von der Beleuchtungsstärke eines Photoelementes.

1. Bestimmung elektrischer Größen.

A. Gleichstrommessungen unter Annahme einer bekannten und konstanten Spannung.

a) *Grundsätzliche Schaltungen.*

Die grundsätzlichen Schaltungen zum Normameter für die *Messung von Gleichströmen unter Verwendung der eingebauten Meß-*

bereiche sind in Abb. 33 wiedergegeben. Die Schaltungen *a* ... *d* bedürfen keiner näheren Erläuterung. Es soll nur folgendes erwähnt werden:

In der Schaltung *b* (Meßbereich 0,6 mA) soll der AV-Schalter auf V stehen, weil dieser Meßbereich bei der neueren Ausführung des Normameters als Anzapfung des Vorwiderstandes für die Spannungsmeßbereiche ausgeführt ist.

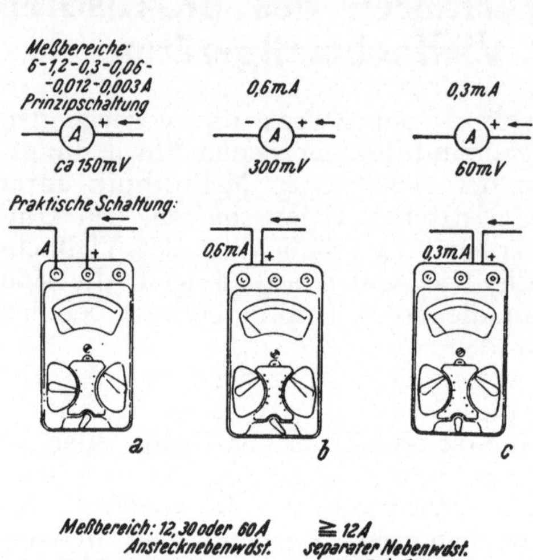

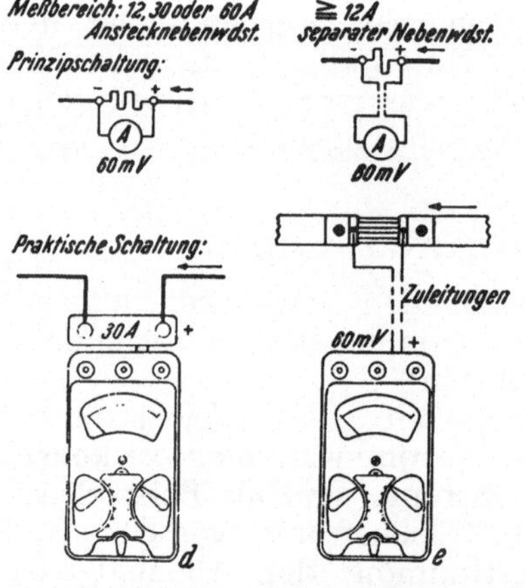

Abb. 33. Grundsätzliche Schaltungen zur Messung von Gleichströmen.

An Stelle der mit „+" bezeichneten Buchse, kann sowohl bei dem Meßbereich 0,6 mA als auch bei 0,3 mA, die mit „+" bezeichnete Klemme benutzt werden.

Bei der Verwendung des Normameters als Strommesser mit den eingebauten Meßbereichen oder *mit einem Ansstecknebenwiderstand* ist lediglich bei Messungen in niederohmigen Stromkreisen unter Umständen der innere Widerstand, bezw. der Spannungsabfall des Meßgerätes bei dem eingestellten Meßbereich zu berücksichtigen, wie dies noch näher aus den folgenden Anwendungsbeispielen hervorgeht.

Höhere Stromstärken können *mit beliebigen Nebenwiderständen* wie folgt gemessen werden:

In der Schaltung *e* können Nebenwiderstände mit einem Spannungsabfall von 60 mV verwendet werden. Bei höheren Strömen etwa über 1 000 A stellt man das Meßgerät mindestens etwa 1 m von der Starkstromleitung entfernt auf, um Fehlanzeigen durch magnetische Fremdfelder zu verhindern. Der Ohmsche Widerstand der Zuleitung von den Potentialklemmen des Nebenwiderstandes zum Meßgerät kann im allgemeinen vernachlässigt werden, weil bei dem Meßbereich 60 mV der innere Widerstand relativ hoch ist und 200 Ohm beträgt. Nur bei größeren Entfernungen der Meßstelle vom Aufstellungsort des Meßgerätes und bei längeren Zuleitungen ist der Querschnitt der Zuleitungen so groß zu wählen, daß der Ohmsche Widerstand möglichst zirka 0,4 Ohm nicht überschreitet. Bei diesem maximalen Widerstandswert beträgt der zusätzliche Anzeigefehler nur — 0,2 %. Bei kleineren Nennstromstärken des verwendeten Nebenwiderstandes ist der Strom für das Instrument zu berücksichtigen, für das der Nebenwiderstand ursprünglich bestimmt war. Dieser Strom, der z. B. bei Anschluß mehrerer Anzeigegeräte an einen einzigen Nebenwiderstand beträchtliche Werte annehmen kann, ist von der Nennstromstärke abzuziehen („abzusetzen"). Die Differenz gilt als neue Nennstromstärke. Der Stromverbrauch des Normameters von 0,3 mA kann in jedem Fall vernachlässigt werden.

Steht zur Messung höherer Stromstärken nur ein Nebenwiderstand mit höherem Spannungsabfall zur Verfügung, wie solche für

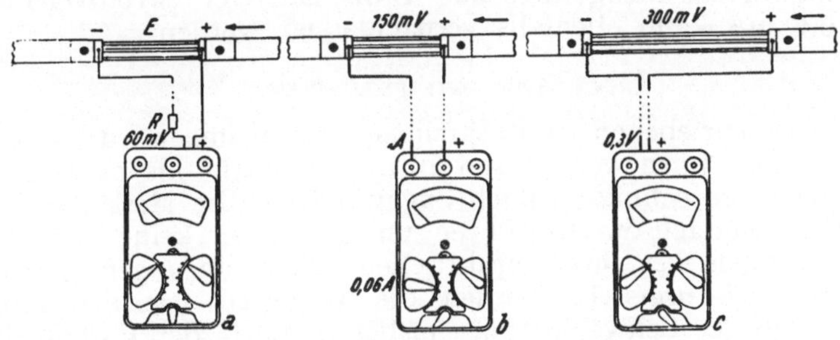

Abb. 34. Messung von höheren Gleichströmen bei höherem Spannungsabfall am Nebenwiderstand.

größere Anzeige- oder Schreibgeräte verwendet werden, dann können diese Nebenwiderstände ebenfalls in Verbindung mit dem Normameter zur Strommessung herangezogen werden. Im allgemeinen wird nach Abb. 34 a in eine der beiden Potentialleitungen zwischen dem Nebenwiderstand und dem Meßgerät ein Ohmscher Widerstand R geschaltet, der sich für den eingeschalteten Meßbereich 60 mV (0,3 mA) aus: $R = \frac{E - 60}{0,3}$ errechnet, wobei für E der Nennspannungsabfall des verwendeten Nebenwiderstandes in mV einzusetzen ist. Für die häufig vorkommenden Nennspannungsabfälle von 150, 300 oder 600 mV ist R demnach 300, 800, bezw. 1 800 Ω. Die Genauigkeit des Widerstandes soll etwa $\pm$ 0,5 % betragen. Bei kleineren Nennstromstärken des Nebenwiderstandes ist der Stromverbrauch der Geräte, die an den Nebenwiderstand angeschlossen waren wie oben zu berücksichtigen. Nebenwiderstände mit einem Nennspannungsabfall von 150 mV können auch in der Schaltung nach Abb. 34 b unmittelbar ohne diesem Vorwiderstand verwendet werden. Die Zuleitungen von den Potentialklemmen des Nebenwiderstandes zum Meßgerät, deren Ohmscher Widerstand allerdings in diesem Fall, bei einem zusätzlichen maximalen Fehler von —0,5%, möglichst weniger als 0,01 Ohm betragen soll, werden an die Klemmen + und A angeschlossen und der Meßbereich 60 mA eingestellt. Es empfiehlt sich nicht, einen anderen Strommeßbereich des Normameters zu benützen, weil bei den kleineren Meßbereichen der Spannungsabfall nicht mehr genau 150 mV ist und bei den höheren Meßbereichen außerdem der Strom durch das Gerät zu groß wird. Bei einem Spannungsabfall von 300 mV des Nebenwiderstandes wird nach Abb. 34 c der Meßbereich 0,3 V (0,6 mA) benützt. In diesem Fall kann, wie oben, bei einem zusätzlichen maximalen Fehler von —0,5%, der Widerstand der Zuleitungen bis etwa 2,5 Ohm betragen, weil bei dem Meßbereich 0,3 V der innere Widerstand des Meßgerätes 500 Ohm ist. Der Stromverbrauch von 0,6 mA kann ebenfalls vernachlässigt werden.

b) Anwendungsbeispiele.

Die beschriebenen grundsätzlichen Schaltungen zur Messung von Gleichströmen werden sowohl in der Stark- als auch in der Schwachstromtechnik vielfach angewendet. Die Messungen sind leicht und einfach durchzuführen und es müssen keine besonderen Vorkehrungen bei ihren praktischen Durchführungen getroffen werden. Naturgemäß werden die kleineren Gleichstrommeßbereiche in der Schwachstrom-, insbesondere in der Radiotechnik häufiger verwendet und einige Anwendungsbeispiele sollen zeigen, daß bei höheren Gleichspannungen und besonders bei der Verwendung des empfindlichsten Gleichstrommeßbereiches von 0,3 mA darauf geachtet werden muß, daß Isolationsströme das Meßergebnis nicht fälschen können. Im folgenden sollen daher die Maßnahmen besprochen werden, die getroffen werden müssen, um die volle Empfindlichkeit des Meßergebnisses ausnutzen zu können und diese Isolationsströme zu vermeiden.

Liegt z. B. der Fall vor, daß nach Abb. 35 a die *Messung des Stromes durch einen höherohmigen Verbraucher R* bei einer einseitig geerdeten Spannungsquelle mit einer höheren Spannung gemessen werden soll und das Meßgerät als Milliamperemeter mit dem Meßbereich 0,3 mA über nicht sehr hoch isolierte Meßleitungen unmittelbar in die Spannung führende Leitung eingeschaltet wird, dann wird, wenn die Meßleitungen am Erdboden oder am geerdeten Panell eines Röhrenverstärkers liegen, zwar der Strom durch den Isolationswiderstand r_1 der ersten Meßleitung nicht durch das Meßgerät fließen und nur die Spannungsquelle zusätzlich belasten, der Strom durch den Isolationswiderstand r_2 der zweiten Meßleitung aber durch das Milliamperemeter fließen und den Meßstrom erhöhen. Beträgt die Spannung z. B. $U = 500$ V, dann würde durch einen Isolationswiderstand r_2 von etwa 100 MΩ ein Strom von 5 μA fließen. Dies entspricht bereits einem Skalenteil bei dem Meßbereich 0,3 mA und es würde eine Fälschung des Meßergebnisses um 1,7% bezogen auf den Vollausschlag eintreten. Bei einem Drittel des Vollausschlages, im gegebenen Fall also bei 0,1 mA, würde dieser Fehler bereits 5%, bezogen auf den Sollwert, betragen. Der Fehler, der unter Umständen durch einen oder mehrere Isolationsfehler innerhalb der zu prüfenden Einrichtung, z. B. eines Radioempfängers, verursacht wird, kann beseitigt werden, wenn nach Abb. 35 b die Meßleitung unmittelbar nach dem Verbraucher zum Meßgerät möglichst kurz und frei durch die Luft gezogen wird. Es wird dann tatsächlich unabhängig von sonstigen Isolations- oder Kriechströmen, nur der Strom durch den Verbraucher gemessen.

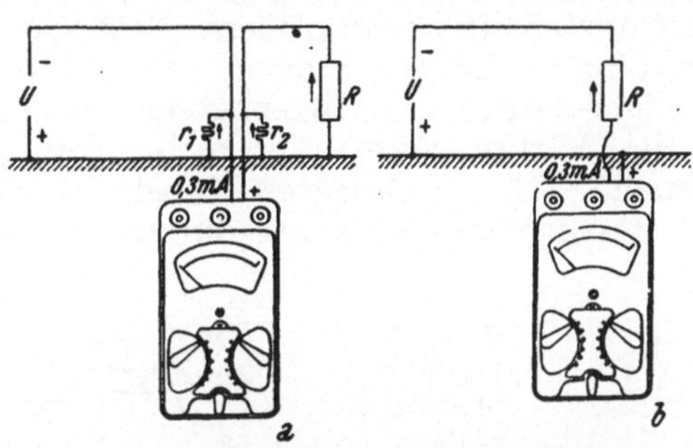

Abb. 35. Messung kleiner Ströme bei hohen Spannungen.

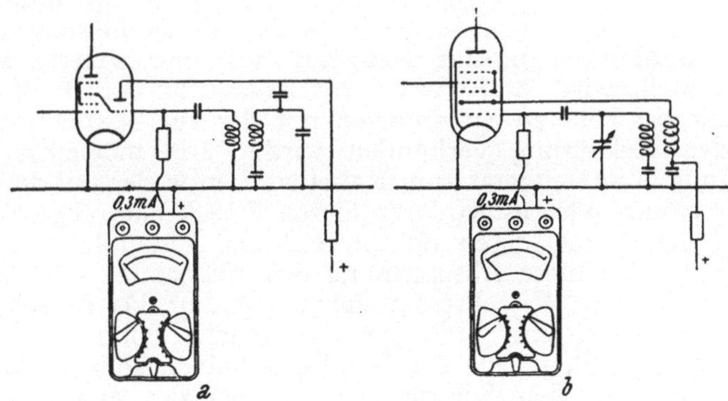

Abb. 36. Prüfung von Oszillatorschaltungen.

Diese prinzipielle Schaltung zur Messung kleiner Gleichströme nach Abb. 35 b findet, wie erwähnt, vor allem im Gebiet der Radiotechnik, so im Radiostörungsdienst, bei der Untersuchung von Röhren mit Röhrenprüfgeräten, bei Empfängerprüfschaltungen, Kontrolle der Lautstärkenregelung, Messung von Gitterströmen, Prüfung von Diodenschaltungen, Abgleichen von Hoch- und Zwischenfrequenzschaltungen, Aufbau von Röhrenvoltmetern usw., umfangreiche Anwendung. Unter anderem wird auch bei der *Messung des Gitterstromes bei Oszillatorschaltungen* nach Abb. 36 a und b das Meßgerät, nach dem Ablöten des Gitterableitwiderstandes am „kalten Ende", in Serie mit diesem unmittelbar ebenfalls an Erde gelegt. Diese Schaltung hat allerdings hier vor allem den Zweck, die Kapazität des Gitters gegen die Kathode, bezw. gegen Erde, durch Einschaltung des Meßgerätes nicht unzulässig zu vergrößern. Man hat also dadurch die Gewähr, daß ohne sonstiger Störung der Empfängerschaltung, die tatsächliche Größe des Gitterstromes gemessen wird.

Bei Verbrauchern, die nicht von Erde abgetrennt werden können, z. B. bei verlegten Kabeln oder bei Leitungsnetzen, kann die Messung des Stromes durch den Verbraucher, — hier die *Messung der Isolation einer Kabelader* gegen die übrigen geerdeten Adern des Kabels und eventuell gegen den geerdeten Bleimantel, — in der Schaltung nach Abb. 37, also wie in Abb. 35 a, wieder bei Einschaltung des Meßgerätes in die Spannung führende Leitung durchgeführt werden, wenn das Meßgerät auf eine isolierte Metallplatte gestellt wird und diese unter Beachtung der Berührungssicherheit bei höheren Spannungen mit der zur Spannungsquelle führenden Meßleitung verbunden wird. Die möglichst kurze Meßleitung vom Meßgerät zum Kabel wird entweder frei durch die Luft gespannt oder es wird für diesen Zweck eine abgeschirmte Leitung verwendet, deren Schirm mit der Metallplatte zu verbinden ist. Da diese Abschirmung des Meßgerätes und die der Meßleitung, auch „Kriechstromschutz" genannt, bei Einschaltung der Spannungsbatterie praktisch das gleiche Potential wie die spannungsführenden Teile der Schaltung haben, können zwischen diesen Teilen und dem Schirm, also zwischen der Meßleitung und ihrer Abschirmung, keine Isolationsströme fließen. Der Isolationsstrom von der Abschirmung gegen Erde belastet in geringem Maße aber nur die Batterie und fließt nicht durch das Meßgerät.

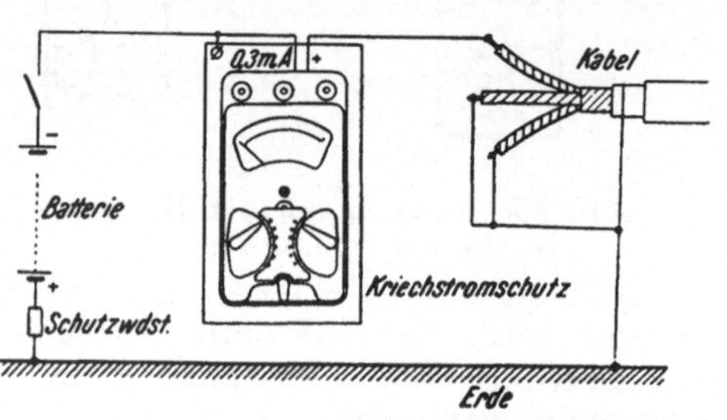

Abb. 37. Isolationsmessung.

Für sehr hoch isolierte Stark- und Schwachstromkabel reicht natürlich die Empfindlichkeit des Meßwerkes für die Isolationsmessung im allgemeinen nicht aus und man benützt in diesem Fall am besten hochempfindliche Lichtzeigergalvanometer. Für Niederspannungsleitungen, für die eine Mindestisolation von 110 000 Ohm bei einer 110 V Anlage und 220 000 Ohm bei 220 V vorgeschrieben ist, kann aber, wenn ein entsprechender Isolationsprüfer mit Kurbelinduktor oder dergleichen nicht vorhanden ist, in der angegebenen Schaltung bei entsprechend gewählter Spannung die Isolation sicher geprüft werden. Um das Meßgerät vor Überlastungen, die bei Schluß der Meßader gegen Erde oder gegen eine geerdete Nachbarader des Kabels oder auch sonst nur bei höheren Ladestromstärken oder schlechter Isolation eintreten könnten, zu schützen, ist es vorteilhaft, die Messungen bei den höheren Gleichstrombereichen des Meßgerätes zu beginnen und allmählich auf den empfindlichsten Meßbereich umzuschalten. Ein Schutzwiderstand vor der Batterie verhindert bei zufällig auftretendem Kurzschluß den unzulässig hohen Anstieg des Stromes. Der Ohmsche Wert dieses Widerstandes muß eventuell von dem, aus dem Spannungswert und dem gemessenen Strom errechneten Widerstandswert abgezogen werden, um den tatsächlichen Isolationswiderstandswert zu erhalten.

B. Vergleich von Gleichströmen.

a) *Grundsätzliche Schaltungen.*

Im allgemeinen wird das grundsätzliche Verfahren des Vergleiches zweier Ströme dort angewendet, wo innerhalb eines bestimmten Spannungsbereiches die Änderung des *Verhältnisses zweier Ohmscher Widerstände* zueinander bestimmt werden soll, z. B. bei Temperaturmessungen mit Widerstandsthermometern das Verhältnis eines mit der Temperatur veränderlichen Widerstandes (meist aus Nickel) zu einem konstanten Widerstand (aus Manganin). In der Praxis verwendet man für diese Fälle in erster Linie Kreuzspulmeßgeräte. Es gibt jedoch einige Sonderfälle, bei denen diese Meßgeräte nicht ohne weiteres verwendet werden können, bei denen aber, wie die folgenden Anwendungsbeispiele zeigen, ein Vielfachmeßgerät in der Gleichstromschaltung wegen des geringen und bekannten inneren Widerstandes der eingestellten Meßbereiche und vor allem wenn das Drehspulmeßwerk entsprechend gebaut ist, gute Dienste leistet.

Ferner soll hier auch die experimentelle *Bestimmung des arithmetischen Mittelwertes von zerhacktem Gleichstrom* erwähnt und im folgenden die Durchführung solcher Messungen an einem praktischen Beispiel gezeigt werden.

b) *Anwendungsbeispiele.*

Die Bestimmung des Verhältnisses zweier Widerstände zueinander spielt bei der *Fehlerortsbestimmung* bei Erd- oder Nebenschluß von Kabeladern eine große Rolle. Ein besonderer Fall ist die Feststellung des Fehlerortes bei *alladrigem Erd- oder Nebenschluß*, wie er dann auftritt, wenn z. B. in ein Telefonkabel, bedingt durch eine örtliche Beschädigung des Bleimantels, Feuchtigkeit eingedrungen ist. Bei der Durchführung der nachstehend beschriebenen Methode sind allerdings zwei Normameter notwendig. Nach Abb. 38 wird in zwei Adern a_2 und a_3 ein Gleichstrom geschickt, von dem ein Teil sich über die Übergangswiderstände an der Fehlerstelle in die beiden Adern a_1 und a_4 nach beiden Seiten gegen Kabelanfang und Kabelende verzweigt. Der eine Strom i_1 fließt durch das am Kabelanfang an die Adern a_1 und a_4 angeschlossene Milliamperemeter, der zweite Strom i_2 durch das am Kabelende an die gleichen Adern angeschlossene zweite Milliamperemeter.

Der Widerstand R_x einer fehlerhaften Ader vom Anfang des Kabels bis zur Fehlerstelle, errechnet sich, ausgehend von der an

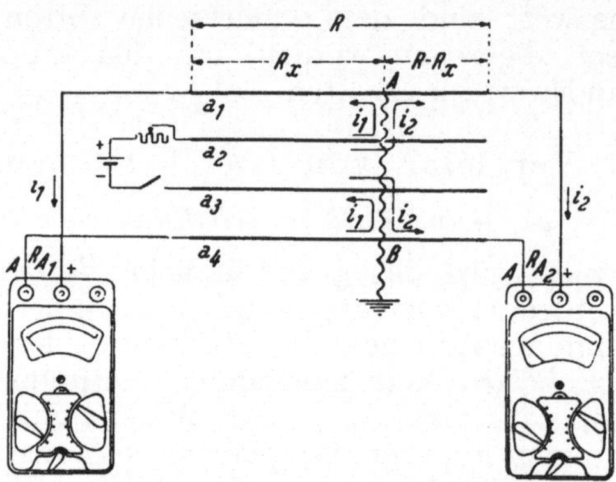

Abb. 38. Fehlerortsbestimmung an Kabeln bei alladrigem Erd- oder Nebenschluß.

den Punkten A und B herrschenden Spannung und unter Annahme der inneren Widerstände R_{A1} und R_{A2} der beiden Milliamperemeter, aus folgendem Gleichungsansatz:

$$i_1 (2 R_x + R_{A1}) = i_2 [2 (R - R_x) + R_{A2}]$$

mit:

$$R_x = \frac{R_{A2} i_2 - R_{A1} i_1 + 2 R i_2}{2 (i_1 + i_2)}.$$

Die Formel vereinfacht sich etwas, wenn beide Instrumente auf den gleichen Meßbereich eingestellt werden und es ergibt sich der Fehlerort aus:

$$R_x = \frac{R_A (i_2 - i_1) + 2 R i_2}{2 (i_1 + i_2)}.$$

An Stelle der Leitungswiderstände können dann auch unmittelbar die entsprechenden Kabellängen in der üblichen Weise eingesetzt werden. An Stelle der Stromwerte können im letzteren Fall auch unmittelbar die abgelesenen Ausschläge der Meßwerke eingesetzt werden.

Diese Methode kann auch mit einem einzigen Meßgerät durchgeführt werden, wenn statt der Messung des Stromes am Ende des Kabels, dort die Meßadern getrennt und vereinigt werden, und aus den beiden Ablesungen des Meßgerätes am Anfang des Kabels und aus den sinngemäß abgeleiteten Formeln der Fehlerort bestimmt wird.

Die Genauigkeit der Fehlerortsbestimmung hängt ab von der Genauigkeit, mit der die Gesamtlänge des Kabels oder der Widerstand einer Kabelader bekannt ist und von der Genauigkeit der Strommessung. Der Batteriestrom wird daher so hoch gewählt, daß möglichst große Ausschläge an den Instrumenten oder bei sehr verschiedenen Ausschlägen wenigstens ein Instrument einen möglichst großen Zeigerausschlag zeigt.

Im weiteren Sinn ist ferner die *Bestimmung des Impulsverhältnisses* von Kontaktwerken rotierender oder ablaufender Art, z. B. von *Wählerscheiben*, eine Stromvergleichsmessung, und zwar ein Vergleich des Dauerstromes (100%) mit dem arithmetischen Mittelwert des unterbrochenen Stromes.

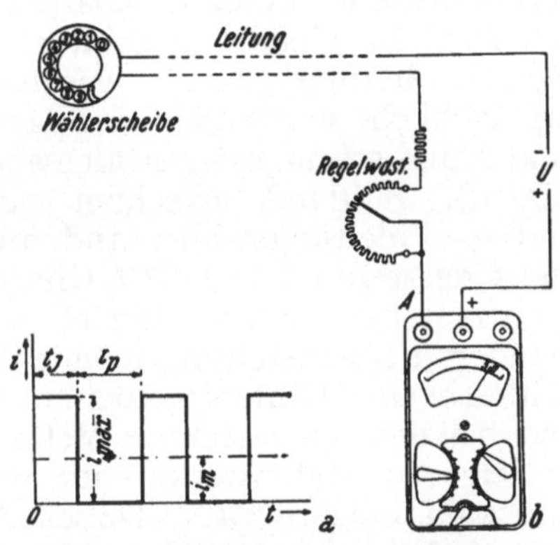

Abb. 39. Messung des Impulsverhältnisses von Kontaktwerken.

Das Drehspulmeßwerk des Normameters weist nun für diesen Zweck eine ausreichend kurze Einstellzeit und nahezu aperiodische Dämpfung auf, welche charakteristischen Eigenschaften als Grundbedingung für eine genaue Bestimmung des Impulsverhältnisses gelten.

Mathematisch kann nach Abb. 39 a, unter Voraussetzung einer konstanten Spannung, bezw. eines konstanten Wertes des Strommaximums i_{max}, das Impulsverhältnis v_J definiert werden durch die Gleichung:

$$v_J = \frac{t_J}{t_J + t_p} 100\%.$$

In dieser Gleichung bedeutet:

t_J ... die Zeit, in der ein Strom i_{max} fließt und
t_p ... die Zeit, in der der Strom unterbrochen wird.

Da der arithmetische Mittelwert i_m des zerhackten Gleichstromes durch die Gleichung

$$i_m = i_{max} \frac{t_J}{t_J + t_P}$$

definiert ist, kann der Strom i_m als Maß für das Impulsverhältnis v_J gelten. Dies findet praktische Anwendung durch Einschaltung eines gut gedämpften Drehspulmilliamperemeters in den Stromkreis, dessen Anzeige dem Stromwert i_m entspricht und dessen Skala in Prozenten des Impulsverhältnisses v_J geeicht werden kann.

Die praktische Schaltung zur Bestimmung des Impulsverhältnisses eines Kontaktwerkes, z. B. einer Wählerscheibe, zeigt Abb. 39 b. Die Spannungsquelle, ein Regelwiderstand, die Wählerscheibe und das als Milliamperemeter geschaltete Normameter werden hintereinander geschaltet. Die Wählerscheibe kann unmittelbar am Meßort oder auch bei Fernmessungen über eine längere Zuleitung geprüft werden. Bei der in Telephonanlagen hauptsächlich verwendeten Spannung von $U = 60$ V und bei einem Dauerstrom bei geschlossenem Wählerscheibenkontakt von z. B. $i_{max} = 50$ mA errechnet sich der notwendige Regelwiderstand + Zuleitungswiderstand mit 1 200 Ohm. Wenn der Leitungswiderstand 0 ... 1 000 Ohm betragen kann, muß also der Regelwiderstand einen Bereich von 1 200 ... 200 Ohm mit genügender Feineinstellungsmöglichkeit bestreichen können. Bei geschlossenem Wählerscheibenkontakt wird mit dem Regelwiderstand bei dem eingestellten Meßbereich 0,06 A des Normameters der Zeiger des Meßwerkes auf den Teilstrich „50" der Gleichstromskala eingeregelt. Dieser Ausschlag entspricht also dem Wert „100%" des Impulsverhältnisses. Läßt man die Zahl „9" der Wählerscheibe ablaufen und schwingt der Zeiger mit kleinen Schwingungen um den Teilstrich 19 der Skala, dann ergibt sich das Impulsverhältnis der Wählerscheibe demnach durch Multiplikation des abgelesenen Ausschlages mit zwei, also mit 38%.

2. Bestimmung physikalischer Größen.

Bestimmung der Abhängigkeit des Stromes von der Beleuchtungsstärke eines Photoelementes. Die kleinen Gleichstrommeßbereiche des Normameters können zur Prüfung von Beleuchtungsstärkeänderungen und unter gewissen Voraussetzungen unmittelbar zur Messung der Beleuchtungsstärke mittels eines Photoelementes verwendet werden.

Das Photoelement ist dadurch charakterisiert, daß die durch das Licht ausgelösten Photoelektronen nicht durch ein Gas oder Vakuum treten, sondern durch eine Schichte zwischen einem Leiter und einem Halbleiter, die den Elektronenfluß nur nach einer Richtung durchläßt, nach der anderen Richtung also eine Sperrwirkung hat. Diese Sperrschichtzelle besitzt eine Metallplatte, auf der Selen großer elektrischer Leitfähigkeit aufgeschweißt ist. Auf der Selenoberfläche ist eine sehr dünne Metallschichte aufgebracht und auf dieser, um einen einwandfreien Stromanschluß zu gewährleisten, gewöhnlich ein schmaler Metallrand aufgespritzt. Wenn nun Licht auf diese Platte fällt, werden Photoelektronen ausgelöst. Die Sperrwirkung des Selen-Photoelementes läßt nun ein Abströmen dieser Elektronen nur in der Richtung vom Selen zur aufgespritzten dünnen Metallfläche zu, nicht aber umgekehrt. Da vereinbarungsgemäß der Strom i, nach Abb. 40, entgegengesetzt dem Elektronenstrom angenommen wird, ist bei der Messung des Photostromes an die Metallgrundplatte die positive Klemme des Milliamperemeters anzuschalten.

Die spektrale Empfindlichkeit der handelsüblichen Selen-Sperrschichtzellen stimmt, wie Abb. 41 zeigt, mit der des normalen menschlichen Auges nicht ganz überein. Man wird also bei ihrer Verwendung zu Lichtmessungen farbiger Lichtquellen Ergebnisse erhalten, die von denen der üblichen subjektiven Photometrie im allgemeinen etwas abweichen. Um die sonstigen Vorteile der Lichtmessung mit Sperrschichtzellen wirklich allgemein ausnutzen zu können, kann durch Vorschalten optischer Filter bestimmter Farbzusammensetzung die spektrale Empfindlichkeit der Photozelle der des menschlichen Auges angeglichen werden.

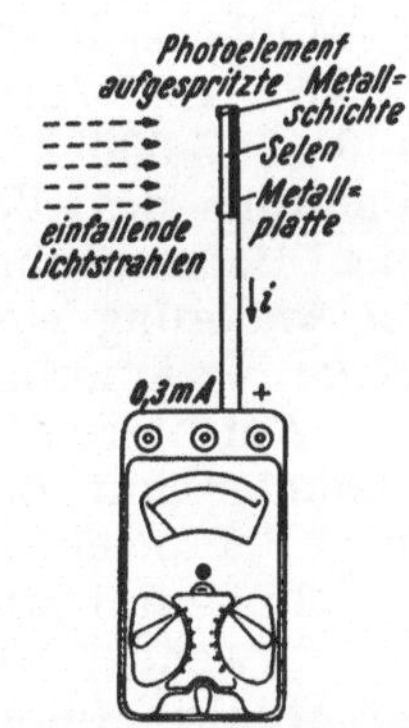

Abb. 40. Messung des Stromes bei Beleuchtung eines Photoelementes.

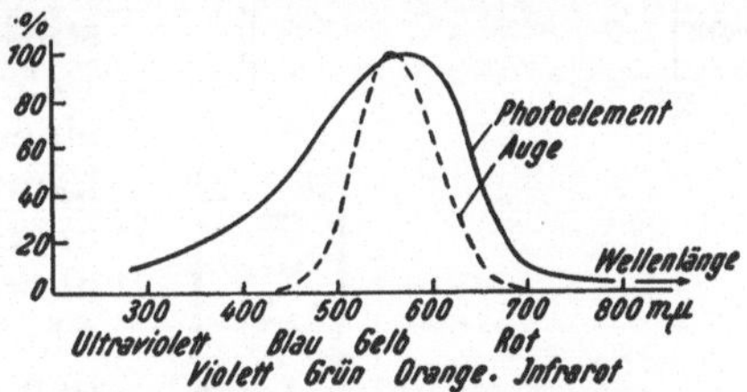

Abb. 41. Durchschnittliche spektrale Empfindlichkeit des menschlichen Auges und eines Photoelementes ohne Filter.

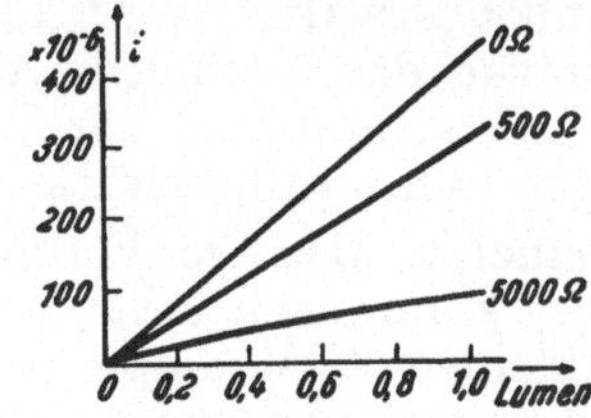

Abb. 42. Photostrom bei verschiedenem Meßwerkwiderstand.

Die Stromstärke, die ein Photoelement bei einer bestimmten Beleuchtung liefert, ist nun individuell sehr verschieden und ist abhängig von der wirksamen Fläche des beleuchteten Photoelementes, sowie nach Abb. 42 vom inneren Widerstand des angeschlossenen Milliamperemeters. Je niedriger dieser Widerstand ist, desto linearer ist der Zusammenhang zwischen Beleuchtungsstärke und Photostrom, um so geringer ist im allgemeinen auch die Temperaturabhängigkeit der Anzeige des Meßgerätes, um so größer ist der entstehende Strom, aber um so kleiner ist die Ausgangsleistung. Die Abhängigkeit des Photostromes von allen diesen Faktoren verbietet es, größenordnungsmäßige Angaben über zu erwartende Beziehungen zwischen Beleuchtungsstärke und Photostrom anzugeben. Das Normameter kann jedoch unter Verwendung des Gleichstrommeßbereiches 0,3 mA mit einem Photoelement auf der Photometerbank mit Hilfe einer Normallichtquelle zusammen geeicht werden, wobei die Gleichstromskala als Hilfsskala benützt wird. Bei diesem eingestellten Strommeßbereich ergibt sich bei den normal käuflichen Photoelementen ein Meßbereich der Beleuchtungsstärke von etwa 0 . . . 1 500 bis 0 . . . 3 000 Lux. Bei der Bestimmung des Verhältnisses zweier Beleuchtungsstärken oder der Änderung einer Beleuchtungsstärke innerhalb eines gewissen Zeitintervalles, kann das Normameter mit dem angeschlossenen Photoelement, ohne vorherige Eichung auf einer Photometerbank verwendet werden und die prozentuale Differenz der Beleuchtung annähernd unmittelbar aus der prozentualen Differenz der abgelesenen Stromwerte bestimmt werden.

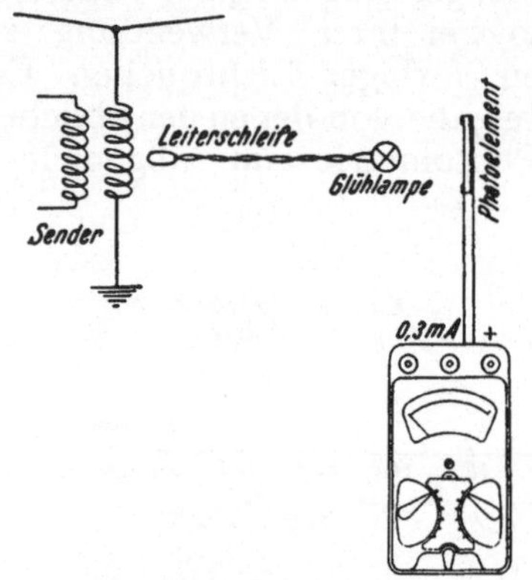

Abb. 43. Kontrolle der Leistung von Hochfrequenzsendern.

Es soll noch erwähnt werden, daß als Beleuchtung oder Beleuchtungsstärke das Verhältnis des auf eine ebene Fläche auftreffenden Lichtstromes zu der Flächengröße definiert ist. Die Einheit dieser Beleuchtungsstärke ist 1 Lux.

Das Luxmeter, also die Verbindung Photoelement und Milliamperemeter, kann nach Abb. 43 mit Hilfe einer Leiterschleife und einer kleinen Glühlampe zur *Kontrolle* und Überwachung *der Leistung von Hochfrequenzsendern* herangezogen werden. Die an sich interessante Schaltung ermöglicht zwar keine sehr hohe Meßgenauigkeit, bewährt sich jedoch bei relativen Messungen und vor allem dort recht gut, wo Thermoumformergeräte versagen. Meist brennen nämlich wegen der durch die Kapazität zwischen der Hochfrequenzleitung und den an den Thermoumformer angeschlossenen Zuleitungen zum Anzeigegerät bedingten Ströme vor allem die Elementdrähte des Thermoumformers durch. Bei der Verwendung des Normameters in dieser Kontrollschaltung wird der empfindliche Gleichstrommeßbereich 0,3 mA eingeschaltet. Die Zuleitungen von der Leiterschleife zur Glühlampe sollen kurz und verdrillt sein. Die Anordnung Glühlampe—Photoelement—Meßgerät kann nach Abtrennung der Leiterschleife eventuell mit Gleichstrom oder Wechselstrom technischer Frequenz geeicht werden.

II. Gleichspannungsmessungen.

In der Praxis kommen im wesentlichen folgende Fälle von Gleichspannungsmessungen in Betracht:

Als Bestimmung der Abhängigkeit einer Gleichspannung von anderen elektrischen Größen: die Bestimmung der Abhängigkeit der Spannung von der Erregung bei Gleichstromgeneratoren, vom Lade- und Entladezustand bei Batterien und von der Eingangswechselspannung bei Gleichrichterschaltungen, sowie der Vergleich zweier Spannungen, bezw. Spannungsabfälle, und als Bestimmung der Abhängigkeit einer Gleichspannung von anderen physikalischen Größen: die Bestimmung der Abhängigkeit der Spannung von der Temperaturdifferenz zweier Lötstellen bei Thermoelementen.

1. Bestimmung elektrischer Größen.

A. Gleichspannungsmessungen bei gegebener und konstanter Belastung.

a) Grundsätzliche Schaltungen.

Die grundsätzlichen Schaltungen zur Messung von Gleichspannungen unter Verwendung der eingebauten Meßbereiche sind in Abb. 44 a ... c, die keiner weiteren Erläuterung bedürfen, und die Schaltungen zur Messung vor allem höherer Gleichspannungen *mit Ansteckvorwiderständen*, deren Ohmscher Wert für den Stromverbrauch von 0,6 mA (bezw. 1 667 Ohm/V) errechnet wird, in Abb. 45 a ... c wiedergegeben. Die letzteren werden bei dem eingestellten Meßbereich 600 V an die Klemme „*V*" des Normameters angesteckt. Wenn nur eine höhere Gleichspannung, aber kein Strom zu messen ist, kann der Vorwiderstand auch an die Klemme „+" angesteckt werden, z. B. dann, wenn in Röhrenschaltungen der negative Pol geerdet ist und durch die Kapazität des Instrumentes die Schaltung nicht beeinflußt werden soll. Wenn jedoch, wie im folgenden Kapitel noch besprochen wird, in Gleichstromkreisen rasch von Strom- auf Spannungsmessungen umgeschaltet werden soll, kann der Vorwiderstand nur an die Klemme *V* angeschaltet werden. Bei der Messung höherer Spannungen mit derartigen Ansteckwiderständen, z. B. 1 200 V oder 1 800 V, ist natürlich Vorsicht geboten und die Spannung erst dann einzuschalten, wenn die Umschalter des Gerätes richtig eingestellt sind. Bei der Messung einer Spannung von 1 800 V mit zwei getrennten Ansteckvorwiderständen mit je 1 MOhm, von denen jeder einer Spannung von 600 V entspricht, werden wie erwähnt vor allem bei Strom- und Spannungsmessungen und auch dann, wenn der positive Pol geerdet ist, beide Ansteck-

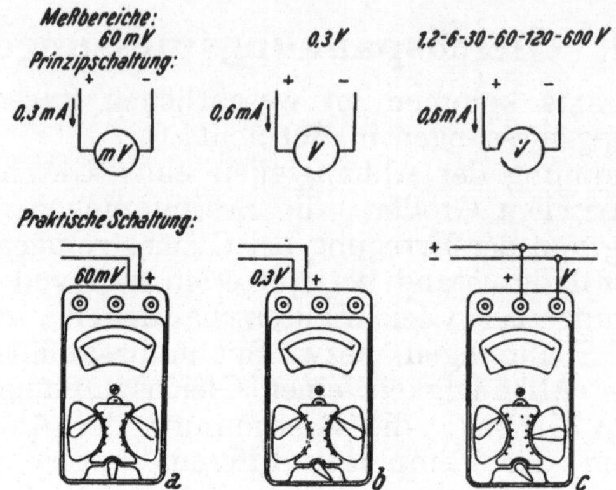

Abb. 44. Grundsätzliche Schaltungen zur Messung von Gleichspannungen.

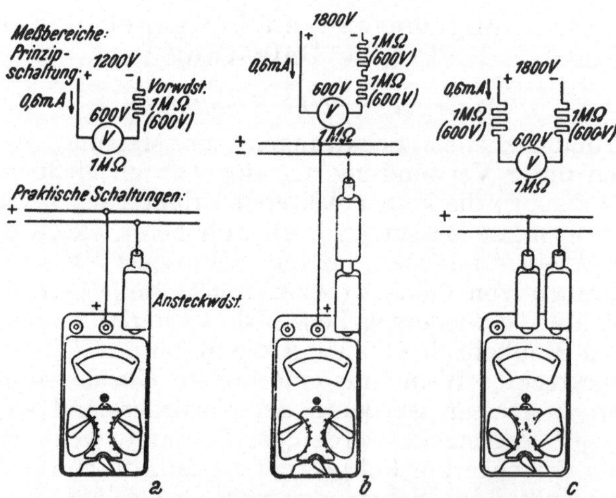

Abb. 45. Messung höherer Gleichspannungen.

widerstände nach Abb. 45 b hintereinander an die Klemme V angesteckt. Bei reinen Spannungsmessungen, vor allem dann, wenn die Mitte der Spannungsbatterie geerdet ist, kann man auch, wie die Schaltung Abb. 45 c zeigt, je einen der beiden Widerstände an die Klemmen „+“ und „V“ stecken. Bei der Messung noch höherer Spannungen von einigen tausend Volt, wie sie z. B. bei Fernseheinrichtungen in Verwendung kommen, ist es zweckmäßig, das Gerät *mit* den *getrennten* höheren *Vorwiderständen* isoliert und berührungssicher aufzustellen.

Es soll darauf hingewiesen werden, daß bei Verwendung des Strommeßbereiches 0,3 mA und unter Berücksichtigung des inneren Widerstandes von 200 Ohm, bei Bedarf mit separaten Vorwiderständen Spannungsmeßbereiche mit 3 333 Ohm/V aufgebaut werden können, doch ist dann die unmittelbar aufeinanderfolgende Strom- und Spannungsmessung nicht mehr möglich.

In der Rundfunktechnik ist es oft erwünscht, Spannungen genau zu messen, bei denen sich mit den eingebauten Meßbereichen des Normameters nur kleine Zeigerausschläge ergeben. So erhält man z.B. bei Spannungen über 120 . . . 300 V bei dem zu wählenden Meßbereich von 600 V, an der 60-teiligen Skala, nur Ablesewerte von 12 . . . 30 Skalenteile. Um die Meßgenauigkeit zu erhöhen, bezw. zusätzliche Meßbereiche, z. B. für 240 V oder 300 V zu erhalten, wird bei der Einstellung des Normameters auf den Meßbereich 120 V, entsprechend einem Stromverbrauch von 0,6 mA ein Vorwiderstand entsprechender Genauigkeit (mindestens etwa $\pm$ 0,5%) zweckmäßig als Ansteckwiderstand mit $\frac{240 - 120\ \mathrm{V}}{0{,}6\ \mathrm{mA}} = 200\ \mathrm{kOhm}$, bezw. $\frac{300 - 120\ \mathrm{V}}{0{,}6\ \mathrm{mA}} = 300\ \mathrm{kOhm}$ vorgeschaltet. Bei der 60-teiligen Skala ist im ersten Fall die Ablesekonstante 4, im zweiten Fall 5. In analoger Weise kann dies natürlich auch für kleinere Meßbereiche, wie für 2,4 oder 3 V bei dem am Normameter einzustellenden Meßbereich von 1,2 V, bezw. für 12 V bei dem eingestellten Meßbereich 6 V durchgeführt werden.

b) Anwendungsbeispiele.

Wie die folgenden Beispiele zeigen, ergeben sich bei der praktischen Verwendung der angegebenen Schaltungen, wie bei den oben erwähnten *Spannungsmessungen an elektrischen Maschinen, Batterien und Gleichrichtergeräten*, keine nennenswerten Schwierigkeiten. Der Meßbereich 60 mV wird in der Schaltung nach Abb. 44 a wie schon in Abb. 33 c gezeigt wurde, in erster Linie zur Messung des Spannungsabfalles an Nebenwiderständen herangezogen und ist, wie im späteren besprochen werden wird, wegen des relativ hohen inneren Widerstandes von 200 Ohm zur Messung von Thermospannung geeignet.

Der geringe Stromverbrauch bei diesem kleinen Spannungsmeßbereich gestattet die Verwendung des Normameters auch für Potentialmessungen, wie sie unter anderem auch bei geodätischen, chemischen und medizinischen Untersuchungen üblich sind. So konnte z. B. die Spannung zwischen einer Gold- und einer Amalgamplombe im menschlichen Mund bei saurem Speichel als Elektrolyt gemessen werden.

Die kleineren Spannungsmeßbereiche nach Abb. 44 b und c können an sich für *Messungen von Gitterspannungen* in Röhrenschaltungen unter gewissen Voraussetzungen verwendet werden, wenn es in der Schaltung nach Abb. 35 und 36, wegen des hohen Gitter-Kathodenwiderstandes, bezw. nicht meßbar kleinen Gitterstromes, nach dem Ablöten des Gitterableitwiderstandes nicht möglich ist, den Gitterstrom zu messen und aus dem Widerstand und dem Stromwert die Spannung auszurechnen, oder wenn dieser Gitterwiderstand selbst schwer zugänglich ist. Es ist dann naheliegend, die Spannung unmittelbar an den Anschlußpunkten des Gitterwiderstandes zu messen. Bei Widerstandsverstärkern ist dies oft auch zulässig. Die Messung kann im allgemeinen nur dann mit einiger Genauigkeit durchgeführt werden, wenn der Stromverbrauch des Meßgerätes vernachlässigbar klein ist, am besten also mit einem Röhrenvoltmeter.

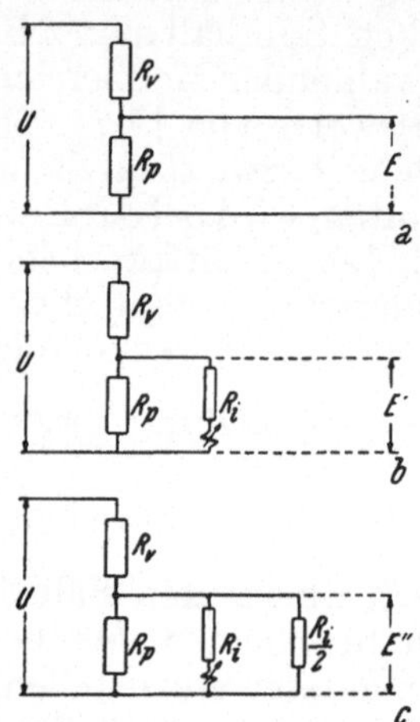

Abb. 46. Spannungsmessung an einem Spannungsteiler.

Im folgenden soll jedoch ein Verfahren gezeigt werden, wie in diesem Fall auch mit Meßgeräten mit nicht vernachlässigbarem Stromverbrauch noch genaue Meßergebnisse erhalten werden können. Man geht von der Betrachtung aus, daß durch *Messungen an einem*, nach Abb. 46 a aus den beiden hochohmigen Widerständen R_v und R_p bestehenden *Spannungsteiler* die Ausgangsspannung E zu bestimmen wäre. Die folgenden Ausführungen gelten für den Fall, daß die Eingangsspannung U konstant ist, ihr Wert aber nicht bekannt zu sein braucht. Würde man nach Abb. 46 b parallel zum Widerstand R_p einen Spannungsmesser, z. B. ein Normameter schalten, dann tritt trotz des hohen inneren Widerstandes des Meßgerätes eine Änderung der Spannungsverteilung ein und es wird nicht die Spannung E unmittelbar, sondern eine kleinere Spannung E' gemessen.

Im ersten Fall, nach Abb. 46 a, verhält sich:

$$U : E = (R_v + R_p) : R_p$$

und es ergibt sich daraus:

$$U = \frac{R_v + R_p}{R_p} E$$

Im zweiten Fall, nach Abb. 46 b, verhält sich:

$$U : E' = \left(R_v + \frac{R_p R_i}{R_p + R_i}\right) : \frac{R_p R_i}{R_p + R_i}$$

und es ergibt sich daraus:

$$U = \frac{\frac{R_v}{R_i}(R_p + R_i) + R_p}{R_p} E'.$$

Nach Eliminierung von U erhält man aus den beiden Ausdrücken:

$$E = \left[\frac{1}{R_i}\frac{R_v R_p}{R_v + R_p} + 1\right] E' = k E'.$$

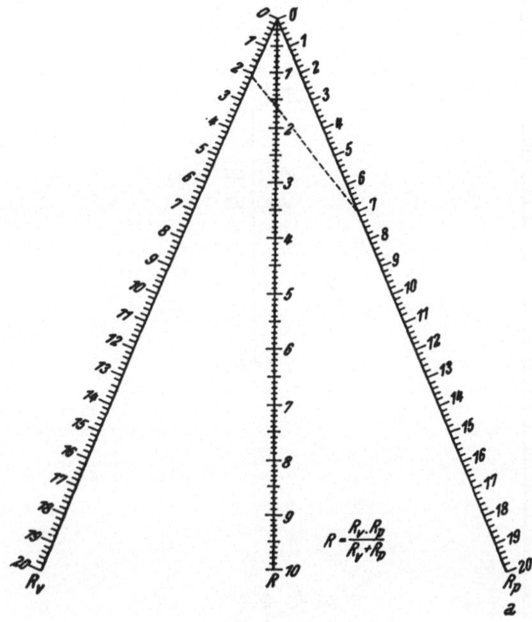

Abb. 47 a. Nomogramm zur Bestimmung der Ausgangsspannung an unbelasteten Spannungsteilern.

Man kann also unter der Voraussetzung, daß der innere Widerstand des Meßgerätes R_i und die beiden Teilerwiderstände R_v und R_p bekannt sind, aus dem gemessenen Spannungswert E' für den Fall des am Ausgang unbelasteten Spannungsteilers, die Ausgangsspannung am Spannungsteiler berechnen.

Durch Anwendung der Nomogramme, Abb. 47 a und b, kann der Wert E ohne Berechnung ermittelt werden. Zunächst wird aus Abb. 47 a der in dem obigen Klammerausdruck für E vorkommende Wert für:

$$\frac{R_v R_p}{R_v + R_p} = R$$

und aus Abb. 47 b mit dem ermittelten Wert R und dem inneren Widerstand R_i des Meßgerätes bei dem eingeschalteten Spannungsmeßbereich der Klammerausdruck k bestimmt. Durch Multiplikation des gemessenen Spannungswertes E' mit k errechnet sich die Spannung E.

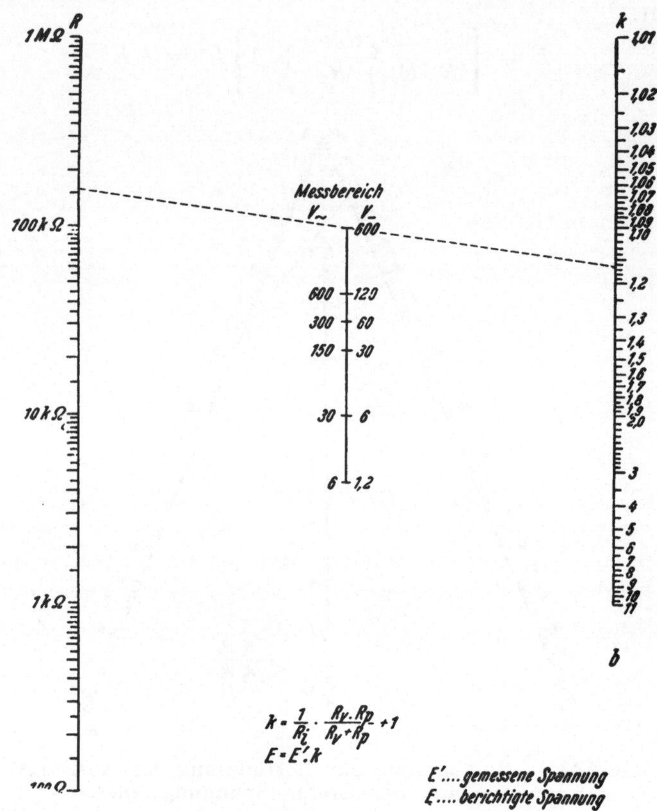

Abb. 47 b. Nomogramm zur Bestimmung der Ausgangsspannung an unbelasteten Spannungsteilern.

Das folgende Beispiel soll den Vorgang deutlicher zeigen. Gegeben ist der Spannungsteiler mit den Teilwiderständen $R_p = 700$ kOhm und $R_v = 210$ kOhm. Mit einem Normameter wird die Spannung an R_p bei dem eingeschalteten Meßbereich 600 V, mit dem inneren Widerstand $R_i = 1$ MOhm mit $E' = 371$ V, gemessen. Aus Abb. 47 a ergibt sich, durch Verbinden der für R_p und R_v auf den beiden Leitstrahlen markierten Punkte (7, bezw. 2,1), der Wert für $R = 161$ kOhm und aus Abb. 47 b durch Verbinden des Punktes 161 kOhm auf den Leitstrahl für R

und dem Punkt 600 V auf dem Leitstrahl für den gewählten Meßbereich, der Wert $k = 1{,}16$. Die Spannung am Widerstand R_p ist daher im belastungslosen Zustand: $E = 1{,}16 \times 371 = 431$ V.

Das Verfahren kann analog auch für Wechselstrom bei Spannungsteilern mit Ohmschen Widerständen angewendet werden.

Die geschilderte Methode kann durch das folgende Verfahren, bei dem außerdem die Größen der Widerstände R_p und R_v des Spannungsteilers nicht bekannt sein brauchen, erweitert und wesentlich vereinfacht werden. Es werden zwei Messungen durchgeführt. Die erste Messung erfolgt nach Abb. 46 b, wie oben beschrieben durch unmittelbare Messung der Spannung am Widerstand R_p mit einem Spannungsmesser mit dem inneren Widerstand R_i, und es gilt die abgeleitete Beziehung:

$$E = \left(\frac{1}{R_i} \frac{R_v R_p}{R_v + R_p} + 1\right) E'.$$

Bei der zweiten Messung wird nach Abb. 46 c zum Meßgerät lediglich ein Widerstand parallel geschaltet, der die Hälfte des inneren Widerstandes des Meßgerätes betragen soll. An Stelle von R_i ist in der, der zweiten Messung entsprechenden Beziehung, einfach der Wert der Parallelschaltung von R_i und $R_i/2$, also $R_i/3$ einzusetzen und man erhält:

$$E = \left(\frac{3}{R_i} \frac{R_v R_p}{R_v + R_p} + 1\right) E''.$$

Nach Multiplikation der ersten Gleichung mit 3 und durch Subtraktion der zweiten von der ersten Gleichung, also durch Eliminierung von $\frac{R_v \,.\, R_p}{R_v + R_p}$ erhält man:

$$E\left(\frac{3}{E'} - \frac{1}{E''}\right) = 2$$

bezw.

$$E = \frac{2}{\frac{3}{E'} - \frac{1}{E''}}.$$

An dem gleichen Spannungsteiler, wie im obigen Beispiel, ergab sich nach der ersten Messung: $E' = 371$ V und nach der Parallelschaltung eines Widerstandes zum Meßgerät von $R_i/2 = 500$ kOhm, eine Spannung: $E'' = 290$ V. Die Spannung E am Teilwiderstand R_p des Spannungsteilers im belastungslosen Zustand ergibt sich nach der Gleichung mit:

$$E = \frac{2}{\frac{3}{371} - \frac{1}{290}} = 431 \text{ V}.$$

Die besprochenen Methoden der Spannungsmessung an höherohmigen Spannungsteilern ist praktisch nicht immer durchführbar, besonders dann nicht, wenn die Eingangsspannung U nicht konstant oder wenn sie stark von Belastungsänderungen abhängig ist. Man greift dann meist zu Röhrenvoltmetern. In den in vielen radiotechnischen Zeitschriften veröffentlichten Schaltungen solcher Geräte können die kleinen Gleichspannungsmeßbereiche des Normameters unter Beachtung der Isolationsverhältnisse ebenfalls verwendet werden.

Als Anwendungsbeispiele der Gleichspannungsmessung sollen hier noch die *Wicklungs- und Isolationsprüfung an Kollektorankern* erwähnt werden.

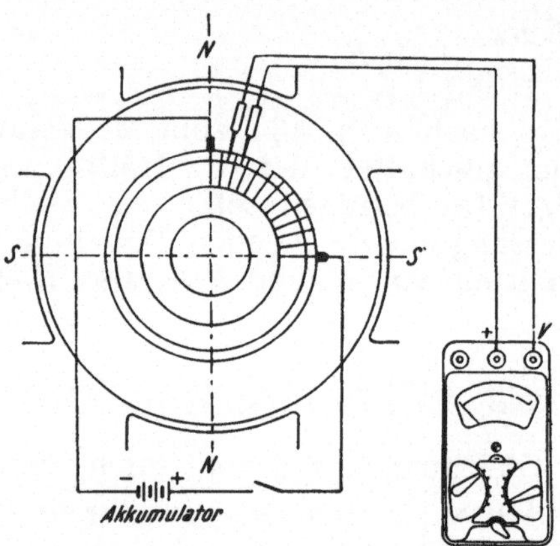

Abb. 48. Wicklungsprüfung an Kollektormaschinen.

Die Wicklungsprüfung wird nach Abb. 48 durchgeführt. In zwei, zweckmäßig um eine Polteilung voneinander entfernten Kollektorlamellen, wird Gleichstrom von einem Akkumulator durch die Ankerwicklung geschickt. Mit dem Normameter wird zunächst der Spannungsmeßbereich gewählt, der der Batteriespannung entspricht, und mit Prüfspitzen an benachbarten Kollektorlamellen der Spannungsabfall an dem angeschlossenen Wicklungsteil gemessen. Um die Meßgenauigkeit zu erhöhen, kann auf kleinere Spannungsmeßbereiche umgeschaltet werden, doch ist dabei Vorsicht geboten, um besonders bei Wicklungsunterbrechungen, Überlastungen des Meßgerätes zu vermeiden. Die Prüfungen werden daher am besten bei sehr kleinen Ausschlägen durchgeführt. Durch Drahtbruch oder Abbrand hervorgerufene Wicklungsunterbrechungen, sowie Auslötungen und mangelhafte Kontakte an den Lötfahnen verursachen größere Windungsschlüsse in den Spulen, kleinere Ausschläge am Meßgerät.

Die Isolationsmessung an Kollektorankern oder Drehstromleitungen kann grundsätzlich nach Abb. 37 durchgeführt werden. Wird jedoch das Normameter nach Abb. 49 als Spannungsmesser geschaltet und der Meßbereich entsprechend der Spannung der Batterie gewählt, dann kann auch der Schutzwiderstand entfallen. Bei zunächst kurz geschlossenen Anschlußleitungen am Anker oder bei sattem Körperschluß, zeigt das Meßgerät die Spannung E

der Batterie an. Der Strom i_1 durch das Meßgerät mit dem inneren Widerstand R_i ergibt sich aus:

$$i_1 = \frac{E}{R_i}.$$

Bei guter Isolation, also bei hohem Isolationswiderstand, liegt das Normameter trotz der gewählten Schaltung als Spannungsmesser, in dem Stromkreis als Milliamperemeter und es wird der Strom:

$$i_2 = \frac{E}{R_i + R_x}$$

angezeigt. Durch Eliminierung von E erhält man aus den beiden Gleichungen die Größe des Isolationswiderstandes:

$$R_x = R_i\left(\frac{i_1}{i_2} - 1\right).$$

Da bei beiden Gleichungen der gleiche Meßbereich eingeschaltet ist, kann an Stelle des Stromverhältnisses i_1/i_2 in die Gleichung das Verhältnis der abgelesenen Zeigerausschläge a_1/a_2 eingesetzt werden und man erhält:

$$R_x = R_i\left(\frac{a_1}{a_2} - 1\right).$$

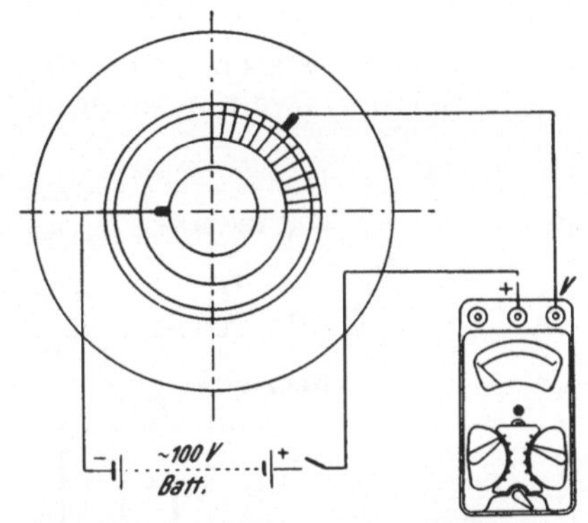

Abb. 49. Isolationsprüfung an Kollektor- und Schleifringankern.

B. Vergleich von Gleichspannungen.

Als Vergleich zweier Gleichspannungen, bezw. Spannungsabfälle, soll hier die *Fehlerortsbestimmung nach der Spannungsabfallmethode bei Erd- oder Nebenschluß einer Ader* in Stark- oder Schwachstromkabeln nach Abb. 50 erwähnt werden, die auch bei höheren Übergangswiderständen an der Fehlerstelle angewendet wird. Sie besteht darin, daß man an einer aus der fehlerhaften Ader a_1 und einer guten (Hilfs-)Ader a_2 gebildeten Kabelschleife entweder in der Schaltung a eine höhere Gleichspannung U zweckmäßig über einen zweipoligen Umschalter einmal über die eine Teillänge mit dem Ohmschen Widerstand R_x und das zweite Mal über die zweite Teillänge $(2\,R_l - R_x)$, an den Übergangswiderstand $R_ü$ der Fehlerstelle F legt und den Spannungsabfall, den der Strom i_1, bezw. i_2 in den beiden Teillängen erfährt, mit einem empfindlichen Galvanometer mißt, oder in der Schaltung b einen stärkeren Gleichstrom J durch die Kabelschleife leitet und die Spannungsabfälle, die an den beiden Teillängen mit den Ohmschen

Widerständen R_x und $(2\,R_l - R_x)$ auftreten, von den beiden Schleifenenden über die Erde und über den Übergangswiderstand mit einem Galvanometer mißt.

Bei einer fehlerhaften Kabelader mit einem Ohmschen Widerstand von etwa 0,2 Ohm, die z. B. in der Mitte einen Erd- oder Nebenschluß aufweist, dessen Übergangswiderstand $R_ü$ selbst etwa 1 000 Ohm betrage, würde im Falle der Schaltung a, bei einer angelegten Spannung von 60 V bei beiden Messungen annähernd der gleiche Strom:

$$i = \frac{60\ \text{V}}{1000\ \text{Ohm}} = 60\ \text{mA}$$

über eine Teillänge und über die Fehlerstelle fließen. Der Spannungsabfall an den Teillängen ist dann:

bei der ersten Messung: 60 mA . 0,1 = 6 mV,
bei der zweiten Messung: 60 mA . 0,3 = 18 mV

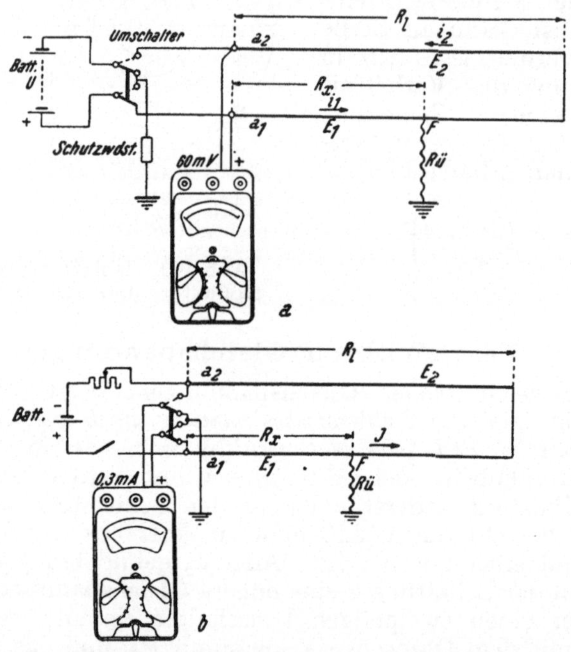

Abb. 50. Fehlerortsbestimmung bei Erd- oder Nebenschluß von Kabeladern nach der Spannungsabfallmethode.

Wird zur Messung ein Normameter bei dem Meßbereich 60 mV verwendet, so ergeben sich also schon in diesem relativ ungünstigen Fall Zeigerausschläge von $\alpha_1 = 6$, bezw. $\alpha_2 = 18$ Skalenteile. Das

Verhältnis der Ausschläge gibt unmittelbar das Verhältnis der gemessenen Längen:

$$\alpha_1 : \alpha_2 = R_x : (2\,R_l - R_x) = x : (2\,l - x)$$

und es ergibt sich der Fehlerort bei bekannter Gesamtlänge des Kabels l aus:

$$x = 2\,l \frac{\alpha_1}{\alpha_1 + \alpha_2},$$

im obigen Beispiel also mit: $x = l/2$.

Bei der Schaltung nach Abb. 50 b würden bei dem gleichen Kabel unter Annahme eines Stromes von 1 A durch die Leiterschleife folgende Spannungsabfälle entstehen:

bei der ersten Messung: 1 A . 0,1 Ohm = 0,1 V,
bei der zweiten Messung: 1 A . 0,3 Ohm = 0,3 V.

Wird zur Messung wieder ein Normameter bei dem Strommeßbereich 0,3 mA verwendet, dann ergibt sich bei der ersten Messung ein Strom von:

$$\frac{0{,}1\ \mathrm{V}}{1000\ \mathrm{Ohm}} = 0{,}1\ \mathrm{mA},$$

bei der zweiten Messung:

$$\frac{0{,}3\ \mathrm{V}}{1000\ \mathrm{Ohm}} = 0{,}3\ \mathrm{mA}.$$

Aus den Zeigerausschlägen bei den beiden Messungen: $\alpha_1 = 20$ und $\alpha_2 = 60$ Skalenteile, ergibt sich wie oben aus der Formel wieder: $x = l/2$.

Die Empfindlichkeit und die Meßgenauigkeit ist bei beiden Methoden außer von dem gewählten Meßbereich des Instrumentes, von der Höhe der Spannung U, bezw. von der Größe des Stromes J, von den Leitungswiderständen und vom Übergangswiderstand an der Fehlerstelle abhängig, und es wird je nach dem vorliegenden Fall einmal die eine und das andere Mal die andere Methode vorzuziehen sein.

2. Bestimmung physikalischer Größen.

Als Anwendungsbeispiel der Bestimmung der Abhängigkeit einer Gleichspannung von einer anderen physikalischen Größe soll, wie erwähnt, hier die *Messung der Temperatur mit Hilfe eines Thermoelementes* angeführt werden.

Das Thermoelement besteht bekanntlich aus zwei Drähten aus verschiedenen Metallen, bezw. Metallegierungen, die an einem Ende miteinander verschweißt oder verlötet sind. Wird diese Lötstelle erwärmt, so entsteht eine *EMK*, deren Größe von der Art der verwendeten Metalle und vom Temperaturunterschied zwischen der Lötstelle und den kalten Enden abhängt.

Für die gebräuchlichen Thermoelemente Nickelchrom-Nickel (*Hoskins*) und Eisen-Konstantan gibt die Abb. 51 und Tab. 1 den Zusammenhang zwischen Temperatur und *EMK*, die mit einem Kompensator, also ohne Strombelastung gemessen wurde. In der Praxis wird die Thermospannung mit Drehspulmillivoltmetern gemessen, z. B. nach Abb. 52 mit einem Normameter bei dem

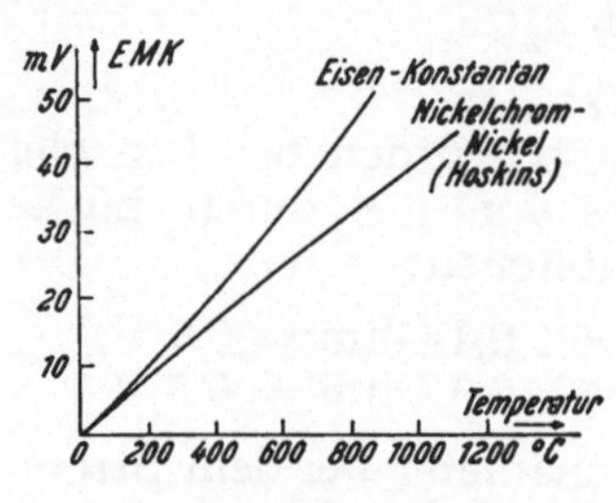

Abb. 51. Thermospannungskurven gebräuchlicher Thermoelemente.

Tab. 1.

°C	Eisen-Konstantan	*Hoskins*
20	0,00	0,00
100	4,32	3,22
200	9,90	7,32
300	15,50	11,42
400	21,10	15,56
500	26,79	19,82
600	32,61	24,12
700	38,67	28,33
800	45,18	32,45
900	52,10	36,50
1000		40,50
1100		44,40
1200		48,20

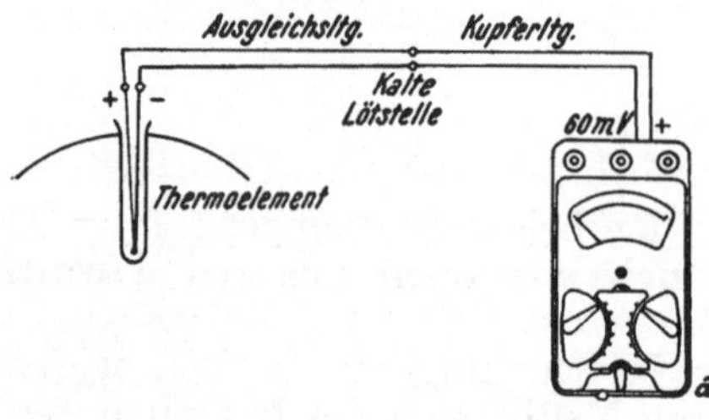

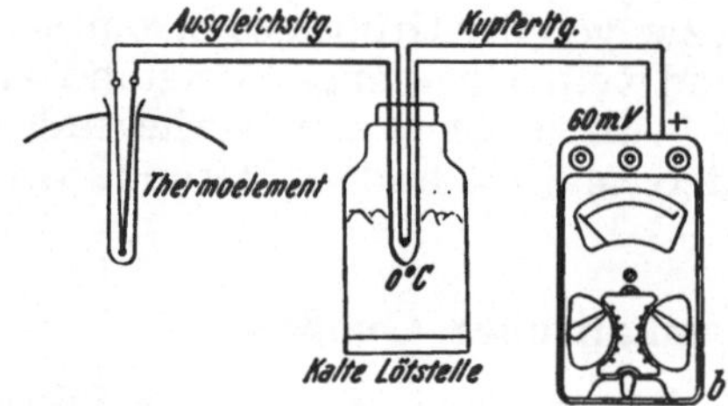

Abb. 52. Temperaturmessung mit Thermoelementen.

empfindlichsten Spannungsmeßbereich von 60 mV. Es ist üblich, Anzeigegeräte für diesen Zweck unmittelbar in Celsiusgraden zu eichen, wobei der Widerstand des Thermoelementes und der der Verbindungsleitungen zwischen Thermoelement und Meßgerät, bezw. der Spannungsabfall, den der Gleichstrom in allen diesen Widerständen erfährt, berücksichtigt, bezw. von der aus der Kurve Abb. 51 ermittelten *EMK* im unbelasteten Zustand abgezogen werden muß. Bei Verwendung des Meßbereiches von 60 mV kann der Spannungsabfall des Normameters bei Widerständen des Thermoelementes und der Zuleitungen unter 5 Ohm Gesamtwiderstand unberücksichtigt bleiben und mit Hilfe der in Abb. 53 gezeichneten Hilfsskalen die Temperatur bestimmt werden.

Wie eingangs erwähnt, wird bei der Temperaturmessung mit Thermoelementen nicht die absolute Temperatur, sondern die Temperaturdifferenz zwischen Meß- und Vergleichsstelle erfaßt. Zur Erzielung einer genauen Messung muß also die Temperatur der Vergleichsstelle genau bekannt sein. Da die Vergleichsstelle, hier die Anschlußklemmen des Thermoelementes, durch Wärmeleitung oder Strahlung etwas erwärmt wird, wird nach Abb. 52 a das Thermoelement durch isolierte Drähte aus dem gleichen Material künstlich durch sogenannte Ausgleichsleitungen verlängert und die Vergleichsstelle auf diese Weise an einen Ort mit normaler Raumtemperatur verlegt. Genaue Konstanthaltung der kalten Lötstelle läßt sich erreichen, wenn die Ausgleichs-

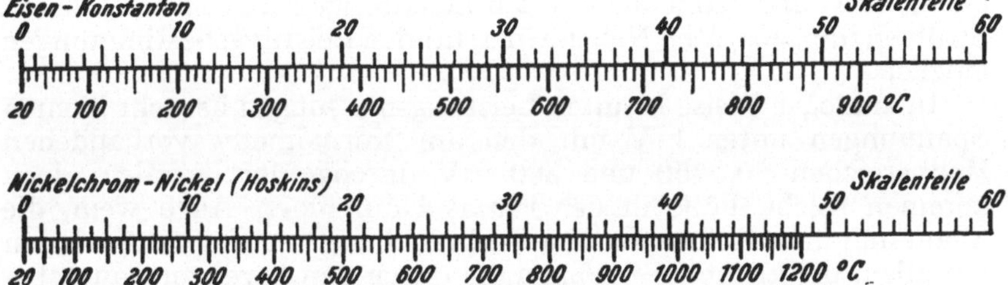

Abb. 53. Hilfsskalen zur Temperaturmessung mit Thermoelementen.

leitung in einen Thermostaten, z. B. nach Abb. 52 b in eine mit schmelzendem Eis gefüllte Thermosflasche eingeführt wird, dessen Temperatur bekanntlich genau 0^0 C beträgt.

III. Gleichstrom- und Spannungsmessungen.

Ebenso wie die bisher beschriebenen reinen Gleichstrom- oder Gleichspannungsmessungen durchgeführt werden, um die Abhängigkeit einer anderen elektrischen oder physikalischen Größe zu bestimmen, werden auch die gleichzeitigen Strom- und Spannungsmessungen zur Bestimmung von dritten elektrischen oder physikalischen Größen angewendet.

Als Bestimmung elektrischer Größen kommt im wesentlichen in diesem Fall die Messung der Leistung und des Ohmschen Widerstandes in Betracht. Hierher gehört auch die Aufnahme der Kennlinie bei Verstärkerröhren, also im wesentlichen die Bestimmung der Abhängigkeit des Anodenstromes von der Gittervorspannung bei konstanter Anodenspannung, und unter anderem auch die Messung des Reststromes bei Elektrolytkondensatoren.

Als Bestimmung physikalischer Größen ist die Zeitbestimmung durch Messung des Lade- und Entladestromes von Kondensatoren über Ohmsche Widerstände zu erwähnen.

1. Bestimmung elektrischer Größen.

A. Leistungsmessungen.

a) Grundsätzliche Schaltungen.

Die grundsätzlichen Schaltschemen zur Messung der Leistung bei Gleichstrom sind in Abb. 54 wiedergegeben. In der Schaltung a können mit dem Normameter, entsprechend den eingebauten und mit den Meßbereichschaltern wählbaren Meßbereichen, Leistungen bei Spannungen bis 600 V, bezw. mit separatem Vorwiderstand über 600 V und bei Strömen bis 6 A durchgeführt werden. Entsprechend den kleinen an Buchsen herausgeführten Meßbereichen, sind ferner in den Schaltungen b und c bei Strömen bis 0,6, bezw. bis 0,3 mA und schließlich in den Schaltungen d ... f bei höheren Strömen mit separaten Nebenwiderständen Leistungsbestimmungen möglich.

In analoger Weise könnten Leistungsmessungen bei sehr kleinen Spannungen unter 1 V mit den am Normameter vorhandenen Meßbereichen 60, 150 und 300 mV durchgeführt werden, doch kommen solche Fälle in der Praxis kaum vor. Auch wenn die Spannung unmittelbar an dem Verbraucher gemessen wird, werden vor allem bei kleineren Strömen die durch den Eigenverbrauch bedingten Korrekturwerte groß und die erzielte Meßgenauigkeit ist gering.

Bei der Verwendung des eingebauten kleinen Strommeßbereiches 0,6 mA zur Leistungsmessung in den Schaltungen b und e muß allerdings ein doppelpoliger Umschalter verwendet werden, da auch der Meßbereich 0,6 mA als Anzapfung des gemeinsamen Vorwiderstandes für alle Spannungsmeßbereiche ausgeführt ist. Bei der Verwendung des Meßbereiches 0,3 mA zur Leistungsmessung in den Schaltungen c und f ist ein zusätzlicher einfacher Schalter notwendig, und um Fehlermessungen zu vermeiden, bezw. Überlastungen des Meßgerätes zu verhindern, ist streng auf die Schalterstellung zu achten. Bei dem Übergang von der Spannungszur Strommessung, — in welcher Reihenfolge man die Messungen in der Regel durchführen wird, — ist immer der mit (1) bezeichnete Schalter zuerst und dann erst der Schalter (2) zu betätigen. Beim Übergang von der Strom- auf die Spannungsmessung ist die umgekehrte Reihenfolge einzuhalten. Wenn einmal irrtümlich diese Reihenfolge nicht eingehalten wird, so besteht an sich keine Kurzschlußgefahr. Es addieren sich nur annähernd die beiden Meßströme im Meßwerk und es können hiedurch Fehlmessungen verursacht werden.

Bei höheren Spannungen kann der Leistungsverbrauch des Gerätes vernachlässigt werden und die Leistung N ergibt sich aus den gemessenen Werten der Spannung U und des Stromes J aus:

$$N = U J.$$

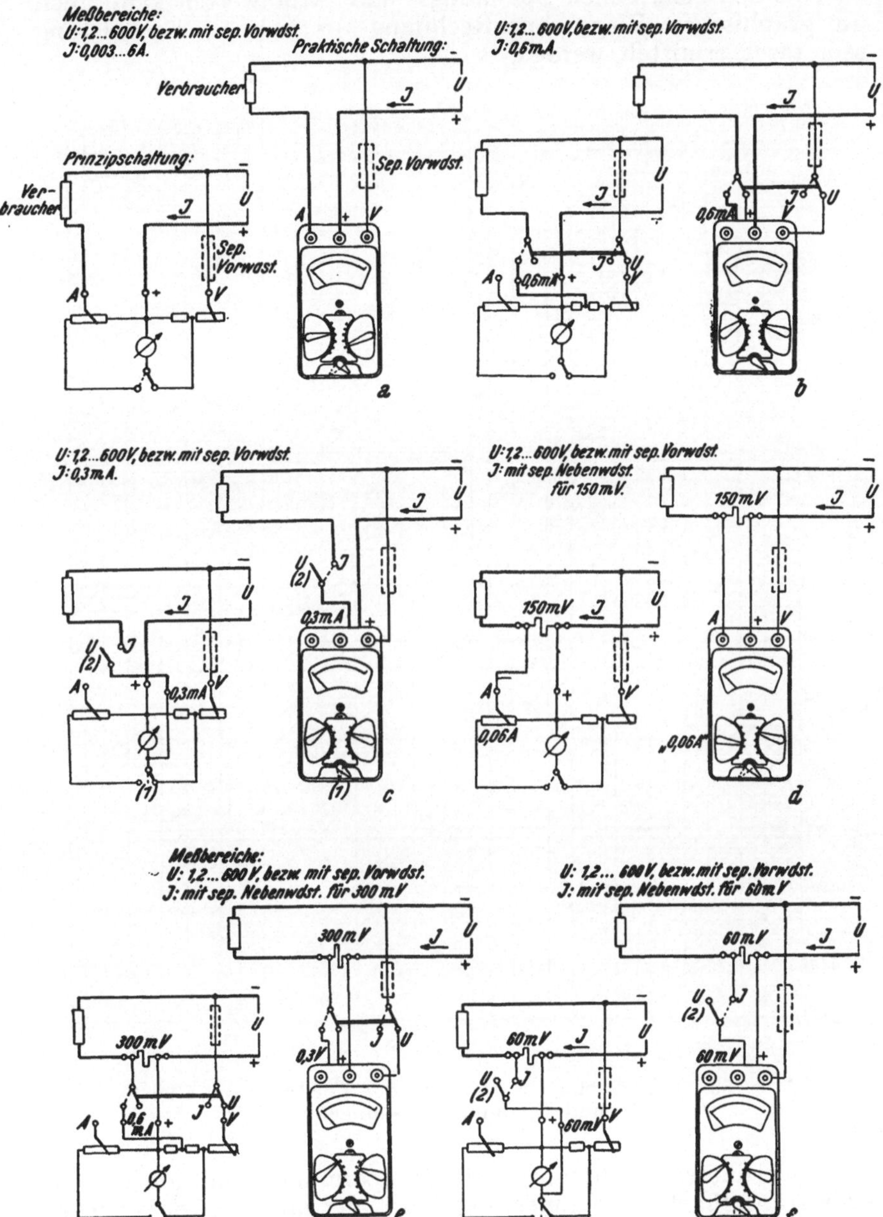

Abb. 54. Leistungs- und Widerstandsmessungen bei Gleichstrom.

Aus den gemessenen Spannungs- und Stromwerten kann auch auf graphischem Wege ohne Rechnung aus Abb. 55 die Leistung sehr rasch ermittelt werden.

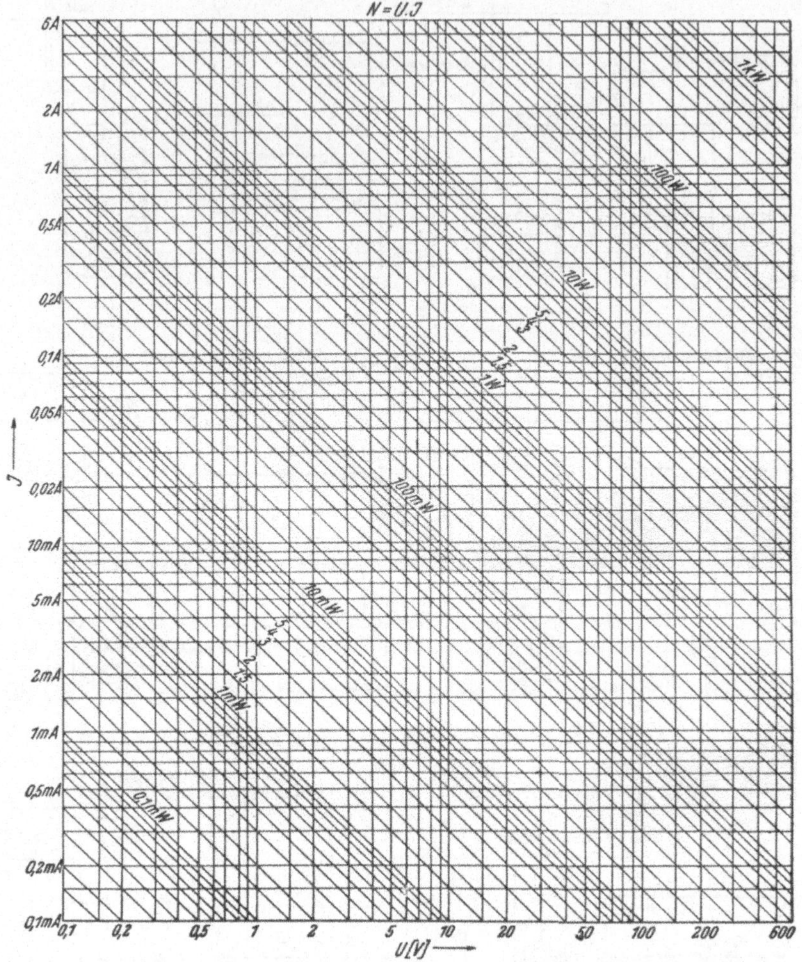

Abb. 55. Graphische Bestimmung der Leistung aus Gleich- und Spannungsmessungen.

Bei kleineren Spannungen ist der Spannungsabfall am Nebenwiderstand für die Strommessung, bezw. der innere Widerstand R_i des Meßgerätes bei dem eingestellten Strommeßbereich, zu berücksichtigen. Die Leistung am Verbraucher ergibt sich dann aus:

$$N = U\,J - J^2\,R_i = J\,(U - J\,R_i).$$

wobei der Ausdruck $(U - J R_i)$ die tatsächlich am Verbraucher herrschende Spannung darstellt.

Aus der nachstehenden Tab. 2 kann der innere Widerstand des Normameters bei den einzelnen Strommeßbereichen entnommen werden.

Tab. 2.

Meßbereich	R_i
6 A	0,033 Ohm
1,2 „	0,133 „
0,3 „	0,5 „
0,06 „	2,49 „
0,012 „	12,2 „
0,003 „	45,— „
0,6 mA	500 Ohm
0,3 „	200 „

Die in Tab. 2 eingetragenen Werte des inneren Widerstandes für die Meßbereiche 1,2 A und 6 A gelten, wie bereits erwähnt, nur angenähert und schwanken etwas bei verschiedenen Geräten. Es empfiehlt sich zur Erzielung exakter Messungen, die Werte ein für allemal mit Hilfe eines anderen Gerätes durch Messung des Spannungsabfalles zu bestimmen.

Soll z. B. in der Schaltung nach Abb. 54 a die Leistung an einem Verbraucher, bei einer Batteriespannung von $U =$ zirka 6 V, bestimmt werden, die bei dem Spannungsmeßbereich 6 V gemessen wird, und wird bei dem eingestellten Strommeßbereich von 0,3 A, also bei $R_i = 0{,}5\,\Omega$, ein Strom $J = 0{,}2$ A gemessen, dann ergibt sich:

$$N = 0{,}2\,(6 - 0{,}2 \cdot 0{,}5) = 1{,}18 \text{ Watt},$$

bei einer am Verbraucher herrschenden Spannung von 5,9 V.

Da der Spannungsabfall an den Nebenwiderständen bei den Nennströmen 0,003 ... 6 A etwa 150 mV beträgt, wird bei einer zu erzielenden Meßgenauigkeit von etwa $\pm 1\%$, bei Spannungen über etwa 15 ... 30 V, der Leistungsverbrauch des Meßgerätes vernachlässigt werden können. Die Schaltung nach Abb. 54a eignet sich also besser für höhere Spannungen. Bei geringen Spannungen ist es, wie erwähnt, üblich, die Spannung unmittelbar am Verbraucher und die Summe der Ströme durch den Verbraucher und durch das Meßwerk zu messen. Bei kleineren Strömen im Verbraucher werden jedoch auch in diesem Fall die Korrekturwerte groß und es hat daher diese Methode, gegenüber der oben geschilderten, keine nennenswerten Vorteile.

b) *Anwendungsbeispiele*

Im allgemeinen gelten die bei der reinen Strom-, bezw. bei der reinen Spannungsmessung angeführten Richtlinien sinngemäß auch bei der praktischen Anwendung der Strom- und Spannungsmessungen. Die folgenden Anwendungsbeispiele aus der Stark- und Schwachstromtechnik sollen daher nur kurz die wichtigsten Anwendungsgebiete und einige hierbei notwendigen praktischen Maßnahmen zur Erzielung einwandfreier Meßergebnisse zeigen.

Bei der *Leistungsmessung an Gleichstrommaschinen*, bei gleichzeitiger Messung der Drehzahl und der mechanischen Leistung, also bei der Bestimmung des Wirkungsgrades, werden im allgemeinen die Schaltungen Abb. 54 a und f angewendet. Geringer Eigenverbrauch des Meßinstrumentes und vor allem geringer Spannungsabfall an den Nebenwiderständen für die Gleichstrommessung, spielt beim genauen Einregeln der Leistung von Lichtmaschinen bei Kraftfahrzeugen eine große Rolle, weil die zur Verfügung stehende Spannung im allgemeinen klein ist. Bei Motoren kleinerer oder mittlerer Leistung, die ohne Anlasser an die Spannung angeschaltet werden, ist zu beachten, daß der erste Stromstoß meist ein Vielfaches des normalen Betriebsstromes ist, und daher vor dem Einschalten der Spannung der höchste Strommeßbereich des Vielfachmeßgerätes einzustellen oder besser die Stromklemmen des Instrumentes („*A*“ und „+“ in Abb. 54 a), bezw. Potentialanschlüsse bei Verwendung eines separaten Nebenwiderstandes („60 mV“ und „+“ in Abb. 54 f), kurzzuschließen sind. Erst bis die volle Drehzahl der Maschine erreicht ist, soll dieser Kurzschluß aufgehoben und die Messung durchgeführt werden.

Die Strom- und Spannungsmessung wird im obigen Sinn auch zur *Bestimmung und Prüfung der Entladekapazität von Akkumulatoren* durchgeführt. Die Kapazität, gemessen in Ah ist bekanntlich die Arbeit, bei der die Zelle eine bestimmte Strommenge vom geladenen Zustand (bei Bleiakkumulatoren bei 2,05 V/Zelle, ohne Belastung gemessen und bei einer Säuredichte von 1,18) bis zur Erreichung der Endspannung (von 1,83 V, bezw. bei einer Säuredichte von etwa 0,02 bis 0,05) abgibt. Die Entladezeit ist also bestimmt durch die Höhe des Entladestromes und des Ladeinhaltes der Batterie.

An Hand eines Beispieles soll der Meßvorgang kurz geschildert werden. Es ist die Entladekapazität einer 12 V-Autobatterie zu prüfen, die vom Hersteller mit 60 Ah angegeben wird. Die gesamte Entladezeit wird mit drei Stunden gewählt. Der Dauerentladestrom beträgt demnach: $J = \frac{60\,\text{Ah}}{3\,\text{Std.}} = 20\,\text{A}$. Nach Abb. 56 wird die Batterie mit der Nennspannung $E = 12$ V mit einem

Widerstand R_B belastet, der sich errechnet aus: $R_B = \frac{E}{J} = \frac{12}{20} = 0{,}6$ Ohm. Der Widerstand selbst muß für die Dauerbelastung von: $J^2 \cdot R_B = 20^2 \cdot 0{,}6 = 240$ W dimensioniert sein. Im Laufe der Entladezeit wird ab und zu der Strom und die Spannung gemessen und in einem Kurvenblatt nach Abb. 57 eingetragen. Um Meßfehler durch Dauerbelastung der Meßeinrichtung, vor allem durch die Erwärmung des Nebenwiderstandes, tunlichst zu vermeiden, kann ein Schalter zum Kurzschließen des Nebenwiderstandes verwendet werden, der nur während der Messung geöffnet wird. Die gleichzeitige Strom- und Spannungsmessung kann nach Abb. 54 f durchgeführt werden. Die Entladekapazität des Akkumu-

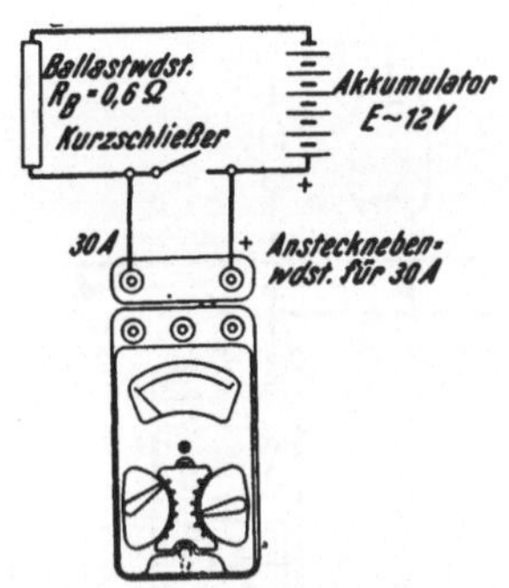

Abb. 56. Schaltung zur Bestimmung der Entladekapazität eines Akkumulators.

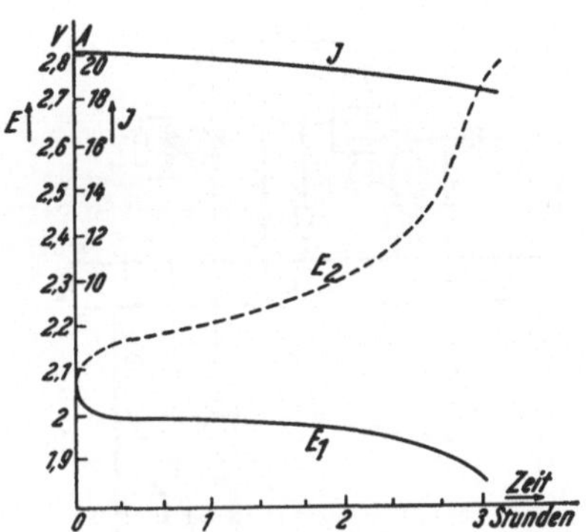

Abb. 57. Lade- und Entladeverlauf bei Akkumulatoren.

lators ergibt sich schließlich aus dem Produkt aus dem arithmetischen Mittelwert aller Strombeträge und der Entladezeit. Die Verringerung der Kapazität läßt auf Selbstentladung durch angesammelten Bodenschlamm und Sulfatierung der Platteneinsätze oder auf Alterung und Plattenhärte oder Plattenverwerfung schließen.

Schließlich sollen noch die in der Radiotechnik üblichen *Leistungsmessungen an Verstärker- und Gleichrichterröhren* erwähnt werden.

Bei der Messung der Anodenverlustleistung, die zum Beispiel im Fall von Endröhren in Verstärkern in der in Abb. 58 gezeigten Schaltung mit dem Normameter erfolgen kann, kann der geringe Spannungsabfall bei den Strommeßbereichen in der Regel vernachlässigt werden und die Anodenverlustleistung N errechnet sich nach der Messung der Spannung U und des Stromes J unmittelbar aus: $N = U\,J$.

Auf ähnliche Weise kann nach Abb. 59 die prozentuale Leistungsmessung an Gleichrichterröhren bei einem äußeren Widerstand R_a, der sich aus dem Quotienten aus dem für die Röhrentype vom Hersteller angegebenen Wechselspannung und dem entnehmbaren Gleichstrom J_a errechnet, und dessen Wert im Durchschnitt zwischen 5 ... 8 kOhm liegt, durchgeführt werden. Bei einer vorhandenen Gleichspannung U_a ergibt sich dann die prozentuale Emission aus:

$$p = \frac{J_a\, R_a}{U_a}\, 100\%.$$

Im Grunde genommen errechnet sich also dieser Wert aus einem Spannungsverhältnis.

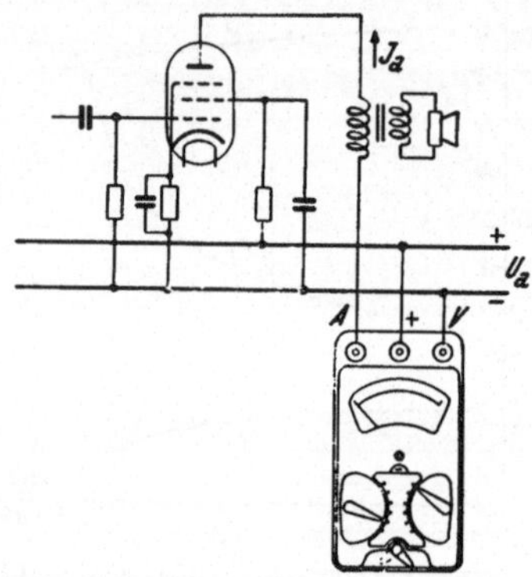

Abb. 58. Messung der Anodenverlustleistung.

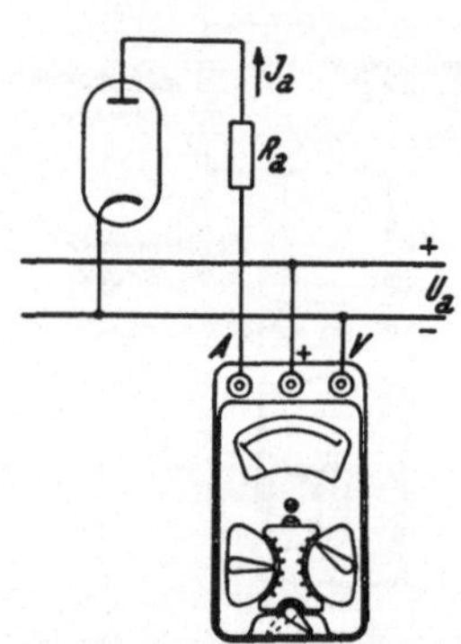

Abb. 59. Schaltung zur prozentualen Leistungsmessung der Gleichrichterröhren.

Auch hier kann, wie das folgende Zahlenbeispiel zeigt, der innere Widerstand des Strommeßbereiches gegen den Wert des Widerstandes R_a vernachlässigt werden. Wurde z. B. bei $U_a = 220$V und $R_a = 5\,000$ Ohm ein Strom $J_a = 0{,}03$ A bei dem gewählten Strommeßbereich 0,06 A bei einem inneren Widerstand von etwa 2,5 Ohm (das ist 0,05 % von R_a) gemessen, dann ergibt sich:

$$p = \frac{0{,}03 \,.\, 5000}{220}\, 100 = 68\%.$$

B. Widerstandsmessungen.

a) *Grundsätzliche Schaltungen.*

Allgemein können *Widerstandsmessungen durch Strom- und Spannungsmessungen* in den gleichen Schaltungen nach Abb. 54 und unter den gleichen Voraussetzungen wie bei der Leistungsmessung durchgeführt werden. Bei höheren Spannungen kann der Eigenverbrauch des Normameters vernachlässigt werden und der Ohmsche Widerstand R_x des Meßobjektes ergibt sich aus dem gemessenen Wert der Spannung U und des Stromes J aus:

$$R_x = \frac{U}{J}.$$

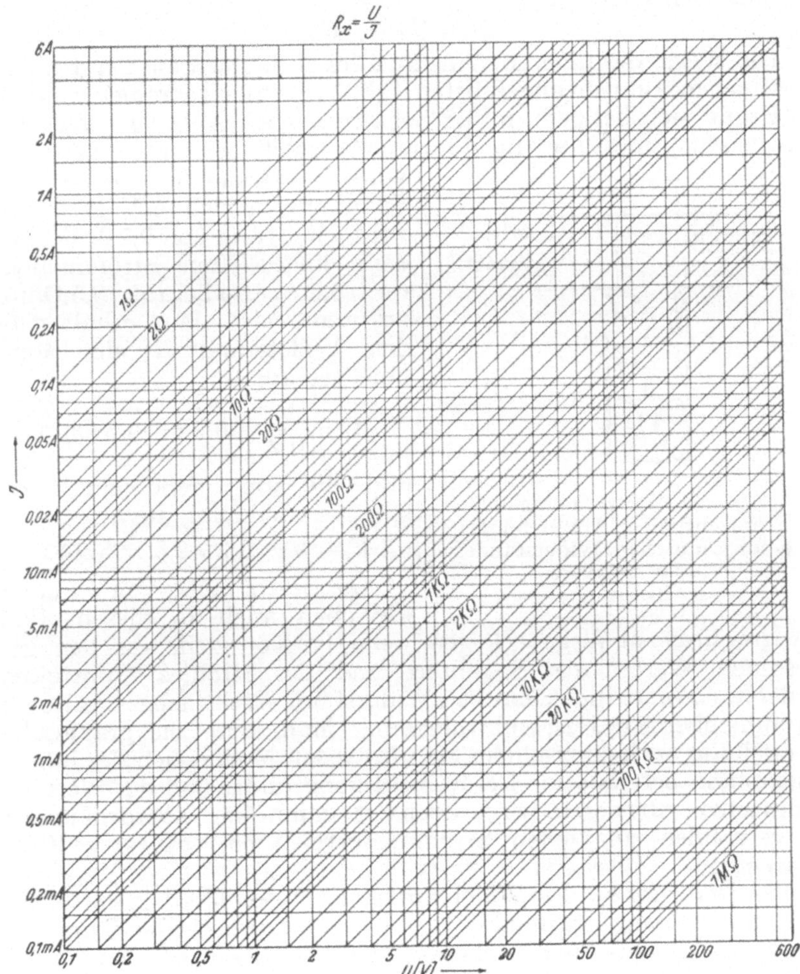

Abb. 60. Graphische Bestimmung des Widerstandes aus Strom- und Spannungsmessungen.

Aus den gemessenen Spannungs- und Stromwerten kann wieder auf graphischem Wege der Ohmsche Widerstand ohne Rechnung aus Abb. 60 ermittelt werden.

Bei kleineren Spannungen ist der innere Widerstand R_i des Gerätes bei dem eingestellten Strommeßbereich zu berücksichtigen. Der Widerstand des Meßobjektes ergibt sich dann aus:

$$R_x = \frac{U}{J} - R_i,$$

wobei sich die am Meßobjekt herrschende Spannung wieder errechnet aus:

$$E = U - J\,R_i.$$

Die Werte des inneren Widerstandes R_i können aus der, bei den Leistungsmessungen angeführten Tab. 2 (S. 85) entnommen werden.

Ergibt sich bei dem, in der Schaltung nach Abb. 54 a auch bei der Leistungsmessung angeführten Beispiel, bei einer Spannung von $U =$ zirka 6 V, die bei dem Spannungsbereich 6 V gemessen wird, ein Strom von 0,2 A, der bei dem eingestellten Strommeßbereich 0,3 A, also bei $R_i = 0{,}5$ Ohm, bestimmt wird, dann erhält man den Widerstand R_x des Meßobjektes aus:

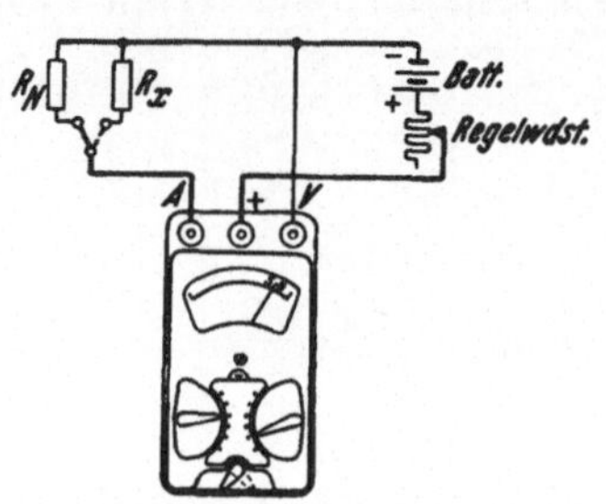

Abb. 61. Bestimmung der prozentualen Abweichung eines Ohmschen Widerstandes vom Sollwert.

$$R_x = \frac{6}{0{,}2} - 0{,}5 = 29{,}5 \text{ Ohm}$$

und die am Meßobjekt herrschende Spannung aus:

$$E = 6 - 0{,}2 \,.\, 0{,}5 = 5{,}9 \text{ V}.$$

Die Bestimmung von R_x kann wie oben auch in diesem Fall auf graphischem Wege erfolgen, doch ist von dem aus den gemessenen Werten der Spannung und des Stromes ermittelten Widerstandswert, der Ohmsche Widerstand R_i des eingeschalteten Strommeßbereiches zu subtrahieren. Man kann die graphische Darstellung auch so zeichnen, daß für jeden Meßbereich der innere Widerstand bereits seine Berücksichtigung findet und der Wert R_x unmittelbar abgelesen wird, doch ist dann, um Überdeckungen zu vermeiden, für jeden Strommeßbereich ein separates Blatt notwendig.

Die Berechnung des Widerstandes ist besonders bei unrunden Werten der Spannung und des Stromes etwas umständlich und die graphische Auswertung höheren Genauigkeitsansprüchen nicht gewachsen. Man kann nun mit Hilfe eines einfachen und für jeden einzelnen Fall richtig dimensionierten Regelwiderstandes nach Abb. 61 wenigstens den Strom auf einen runden Wert einstellen. Besonders empfehlenswert ist es, wenn möglich den Strom so einzustellen, daß sich der Zeiger des Meßwerkes bei den mit dem Strommeßbereichwähler des Normameters einstellbaren Meßbereichen auf den Teilstrich „50" der Gleichstromskala einstellt. Um den Wert des Widerstandes R_x zu erhalten, braucht man dann nur den Spannungswert bei dem eingestellten Strom

0,0025 A mit 400,
0,01 A „ 100,
0,05 A „ 20,
0,25 A „ 4,
1 A „ 1,
5 A „ 0,2

zu multiplizieren.

Ergab z. B. die Spannungsmessung: $U = 4{,}08$ V bei einem eingestellten Strom von 0,25 A, dann erhält man: $\frac{U}{J} = \frac{4{,}08\,\text{V}}{0{,}25\,\text{A}} =$ $= 4{,}08 \cdot 4 = 16{,}3_2$ Ohm. Diese Methode ist vor allem dann von Vorteil, wenn eine größere Anzahl von Widerständen gleicher Größe zu prüfen ist und ihre Abweichungen in Prozenten vom Sollwert festgestellt werden sollen. Man regelt dann zunächst bei Einschaltung eines vorher auf andere Weise gemessenen Widerstandes, — dessen Wert dem Sollwert möglichst genau entsprechen soll, — mit dem Regelwiderstand den Strom so ein, daß man bei der Strommessung einen Zeigerausschlag von 50 Skalenteilen erhält. Wird nun an Stelle dieses „Normalwiderstandes" R_N ein anderer Widerstand eingeschaltet, dann kann, unter der Voraussetzung, daß die Spannung während der Messung konstant bleibt, bei der Schaltung des Normameters als Strommesser, aus dem Zeigerausschlag unmittelbar die Abweichung des Widerstandes vom Sollwert bestimmt werden. Eine Abweichung des Zeigerausschlages von einem Skalenteil vom Sollwert 50 (0%) entspricht dann $\pm$ 2%. Ergibt sich z. B. ein Ausschlag von 48,7 Skalenteilen, also eine Abweichung von — 1,3 Skalenteilen, dann weicht der Widerstandswert des Meßobjektes um — 2,6% vom Sollwert ab. Auf diese Weise können laufend Widerstände geprüft und sortiert werden, wenn als übliche Toleranzen z. B. $\pm$ 1, $\pm$ 5 oder $\pm$ 10% vorgeschrieben sind. Die abgelesenen Zeigerausschläge müssen dann zwischen 49,5 ... 50,5, bezw. 47,5 ... 52,5 und 45 ... 55 liegen. Die Spannungskonstanz muß allerdings dabei von Zeit zu Zeit durch Messung des Normalwiderstandes überprüft werden.

Die Konstanz der Spannung spielt bei allen Strom- und Spannungsmessungen eine große Rolle und es können bei aufeinanderfolgenden Strom- und Spannungsmessungen richtige Meßergebnisse nur dann erzielt werden, wenn die Kapazität der Batterie dem Stromverbrauch bei der Messung entspricht. Während bei größeren Widerstandswerten bei geringem Stromverbrauch Trokkenbatterien genügen, muß man bei kleineren Widerständen und höherem Stromverbrauch Akkumulatoren mit größerer Kapazität verwenden.

Die erwähnte umständliche Bestimmung des Widerstandswertes aus Strom- und Spannungsmessungen und die Notwendigkeit der beschriebenen Vorsichtsmaßnahmen zur Erzielung genauer Meßergebnisse, lassen es wünschenswert erscheinen, eine Methode anzuwenden, die die unmittelbare Ablesung des Ohmschen Widerstandes gestattet.

Bei konstanter Spannung der Gleichstromquelle kann für die Messung höherer Widerstände die Skala eines in Serie mit dem Meßwiderstand geschalteten Milliamperemeters, oder bei kleineren Widerständen die Skala eines parallel geschalteten Millivoltmeters, in Einheiten des Widerstandes geeicht werden. Um den jeweiligen Ladezustand des Akkumulators, bezw. die Spannung der Trockenbatterie in gewissen Grenzen zu berücksichtigen, muß, wie oben ein Vergleichs- oder Normalwiderstand und eine Strom- oder Empfindlichkeitsregelung des Meßwerkes vorgesehen werden. Als Stromregelung kann unter gewissen Voraussetzungen, wie im folgenden noch gezeigt wird, ein Regelwiderstand angewendet werden, wie ein solcher in der Schaltung nach Abb. 61 bereits verwendet wurde, und der bei geringen Strömen ein einfacher Drehwiderstand sein kann. Nebenbei sei noch bemerkt, daß die Empfindlichkeitsregelung des Meßwerkes auch durch einen veränderbaren magnetischen Nebenschluß, wie er bei Leitungsprüfern und kleinen Handohmmetern in üblicher Weise angewendet wird, vorgenommen werden kann.

Bei der Anwendung von Vielfachmeßgeräten als *direktzeigende Widerstandsmesser* kommt zur Kompensation der Spannungsänderung der Batterie nur die Regelung des Stromes durch veränderliche Widerstände (Drehwiderstände oder dergleichen) in Frage. In Abb. 62 a ... f sind die prinzipiellen Schaltungen für die Messung des Widerstandes mit Drehspulmilliamperemeter zusammengestellt.

In der Schaltung nach Abb. 62 a liegt die Batterie mit der Spannung U, der veränderliche Widerstand r, ein fester Widerstand R, ein Milliamperemeter, z. B. ein Normameter in der Schaltung für 0,3 mA Gleichstrom, mit dem inneren Widerstand $R_i = 200$ Ohm, und der zu messende Widerstand X hintereinander. Zunächst wird bei kurz geschlossenen Klemmen X der Strom so eingeregelt, daß sich am Instrument der Vollausschlag zeigt. Dieser entspricht also dem Widerstand $X = 0$. Wird als Spannungsquelle eine Taschenlampenbatterie mit einer Spannung $U = 4{,}5$ V gewählt, so ergibt sich der gesamte Widerstand im Meßkreis aus:

$$\frac{U}{i} = r + R + R_i$$

und daraus:

$$r + R = \frac{U}{i} - R_i = \frac{4{,}5}{0{,}3 \,.\, 10^{-3}} - 200 = 14\,800 \text{ Ohm.}$$

Wird nun z. B. ein Widerstand $X = 15\,000$ Ohm noch dazugeschaltet, dann zeigt das Meßgerät genau den halben Ausschlag. Einem Ausschlag von einem Skalenteil $\left(\frac{0{,}3}{60}\,\text{mA} = 5\,\mu\text{A}\right)$ entspricht einem Widerstand:

$$X = \frac{U}{i} - (r + R + R_i) = \frac{4{,}5}{5 \cdot 10^{-6}} - 15\,000 = \text{ca. } 900\ \text{K}\Omega.$$

Man erhält also eine Skala, bei der der Wert von etwa 15 kOhm in der Mitte liegt und etwa 1 MOhm gerade noch festgestellt werden kann. Im stromlosen Zustand wird der Wert $X = \infty$ angezeigt.

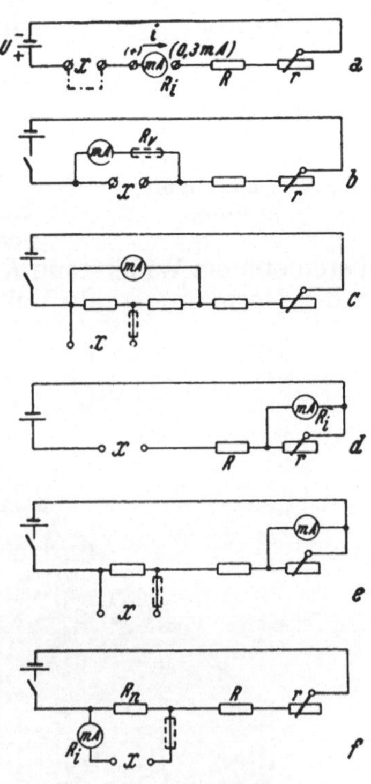

Abb. 62. Schaltungen von Drehspulohmmetern mit veränderbaren Widerständen.

Diese einfache Schaltung hat jedoch einen großen Nachteil. Es ergeben sich nämlich ziemlich große Fehler der Anzeige bei verschiedenen Spannungen, trotz der Nachregelung des Gesamtwiderstandes, bezw. des Stromes, bei kurz geschlossenen X-Klemmen. Ist nämlich die Spannung der Trockenbatterie nach längerem Gebrauch z. B. auf $U = 3{,}6$ V abgesunken, dann ist nach der Einregelung des Stromwertes $i = 0{,}3$ mA:

$$\frac{U}{i} = \frac{3{,}6}{0{,}3\ 10^{-3}} = 12\,000\,\Omega,$$

$$r + R = 12\,000 - R_i = \\ = 12\,000 - 200 = 11\,800\,\Omega.$$

Dem halben Ausschlag des Instrumentes entspricht dann nicht mehr der Wert für $X = 15\,000$ Ohm, sondern nur mehr der Wert $X = 12\,000$ Ohm. Es entsteht also bei diesem Skalenwert bei einer Spannungsänderung von 4,5 auf 3,6 V, also um etwa 20%, trotz der geschilderten Nachregelung, ein Fehler von etwa 20% bezogen auf den Widerstands-Sollwert. Die Schaltung a kann also lediglich zur größenordnungsmäßigen Bestimmung von Widerständen benützt werden.

Es soll hier erwähnt werden, daß das Normameter bei Verwendung des Meßbereiches von 6 V und mit einer Batterie von

4,5 V, unter Verzicht auf eine Stromregelung und unter Verwendung des eingebauten Vorwiderstandes für den Spannungsmeßbereich als Schutz- und Strombegrenzungswiderstand nach Abb. 63 als einfaches Gerät zur *Prüfung von Spulenwicklungen* auf Durchgang und dergleichen verwendet werden kann.

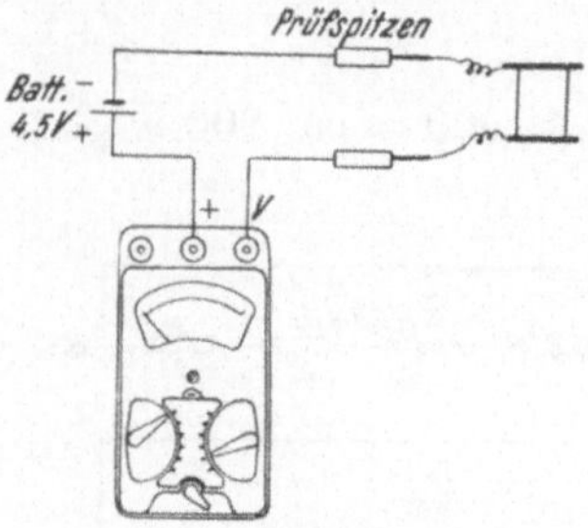

Abb. 63. Durchgangsprüfung.

Die Schaltungen nach Abb. 62 b und c können zur Messung kleinerer Widerstände verwendet werden, doch sind die Messungen, ebenso wie bei der Schaltung a, stark von der Spannung abhängig. Die Einstellung des Regelwiderstandes r wird bei geschlossenem, hier notwendigem Batterieschalter und bei offenen X-Klemmen vorgenommen. Ein größerer Widerstandsbereich kann erzielt werden, wenn vor das Milliamperemeter ein Widerstand R_v entsprechender Größe vorgeschaltet oder das Normameter als Voltmeter in der Schaltung für niedrige

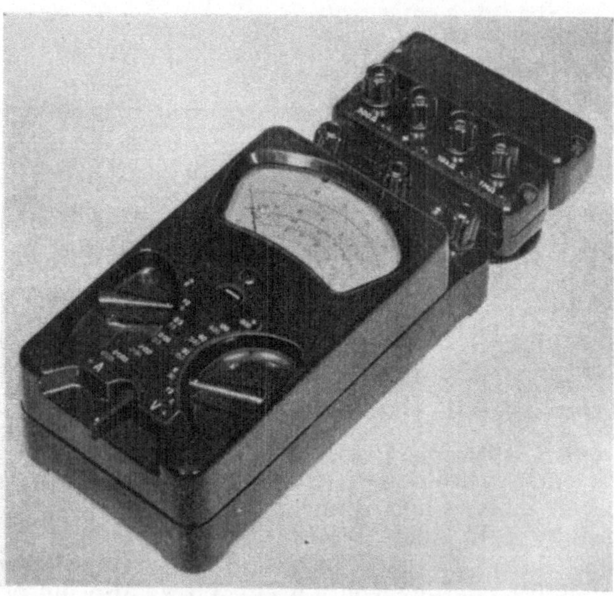

Abb. 64. Normameter GWO.

Spannungen benützt wird. In der Schaltung c für kleinere Widerstände, bei der eine Teilspannung eines Spannungsteilers an dem Meßwiderstand X liegt, kann durch einen Widerstand vor den X-Klemmen der Skalencharakter beeinflußt werden.

Wesentlich günstiger bezüglich der Abhängigkeit der Anzeige von der Spannung verhalten sich die Schaltungen nach Abb. 62 d und e.

Der Strom im Anzeigegerät wird hier mit dem Regelwiderstand *r* im Nebenschluß zum Instrument eingestellt. Durch eine einfache Berechnung kann man sich wie oben leicht überzeugen, daß der Meßfehler umso kleiner wird, je kleiner der aus der Parallelschaltung von *r* und R_i resultierende Widerstand zum Gesamtwiderstand, bezw. zum Widerstand *R*, ist. Einstellung und Meßvorgang, sowie der Aufbau von Meßbereichen für kleinere Widerstände durch Parallelwiderstände zu *X*, und die Skalenbeeinflussung durch Vorwiderstände vor *X*, kann wie oben erfolgen. Die Schaltung d wird für höhere, die Schaltung e für niedrige Widerstandsbereiche angewendet.

Außer den Schaltungen d und e, die in der Praxis häufig angewendet werden, bewährt sich auch die Schaltung f zur Messung kleiner Widerstände sehr gut. In der zuletzt angeführten Schaltung wird die Spannungsabhängigkeit dann vernachlässigbar klein, wenn der Teilwiderstand R_n klein gegenüber dem Widerstand $(X + R_i)$ ist.

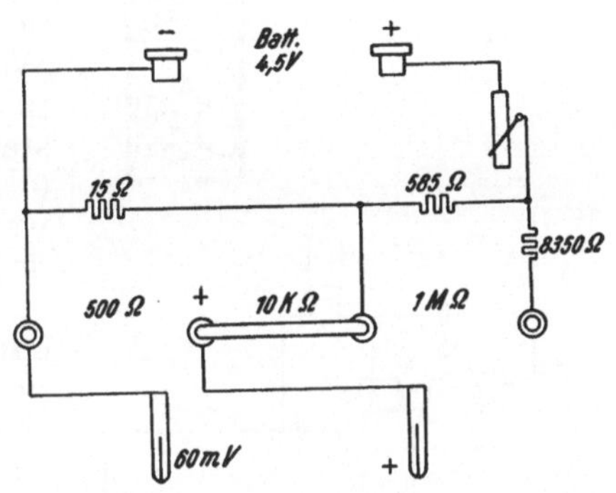

Abb. 65. Schaltung des „Ohmzusatzgerätes" zum Normameter GWO.

Die Schaltungen d, e und f werden einzeln oder auch umschaltbar als Mehrmeßbereich-Widerstandsschaltungen bei Vielfachmeßgeräten angewendet. Abb. 64 zeigt ein Normameter GWO, mit ansteckbarem Ohmzusatz samt Drehwiderstand und Batteriekästchen, mit einer solchen Widerstandsmeßschaltung mit den Meßbereichen: 0 . . . 1 MOhm, 0 . . . 10 kOhm, 0 . . . 500 Ohm. Abb. 65 zeigt die innere Schaltung. Die Klemmen für den Meßbereich 0 . . . 10 kOhm werden bei Verwendung des Meßbereiches 0 . . . 500 Ohm kurzgeschlossen.

In der Praxis kann man je nach den Widerstandswerten, die zur Messung kommen sollen, diese Schaltungen mit verschiedenen Widerständen aufbauen. Die Eichung kann empirisch mit genauen Widerständen erfolgen. Wie bei der Temperaturmessung mit Thermoelementen, können auch hier, unter Zugrundelegung der abgelesenen Werte auf der Gleichstromskala, Hilfsskalen, ähnlich den in Abb. 53 gezeigten, gezeichnet oder, unter Einbuße an Ablesegenauigkeit, Anlegeskalen verwendet werden, die unmittelbar auf die Glasscheibe des Skalenausschnittes des Meßinstrumentes gelegt werden.

Der höchste Widerstand, der mit einer derartigen Widerstandsmeßschaltung gemessen werden kann, hängt von der Empfindlichkeit des Meßinstrumentes und von der Höhe der Spannung ab. Bei Verwendung einer Taschenlampenbatterie mit einer Spannung von $U = 4{,}5$ V und eines Normameters mit einer Empfindlichkeit von 5 μA pro Skalenteil (Meßbereich 0,3 mA, 60 Skalenteile) kann wie erwähnt, ein Widerstand von etwa 1 MOhm noch festgestellt werden. Durch Wahl einer höheren Spannung (z. B. $U = 45$ V) kann der Widerstandsbereich vergrößert (auf 0 ... 10 MOhm verzehnfacht) werden, unter der Voraussetzung, daß auch alle übrigen Widerstände der Schaltung entsprechend vergrößert werden. Die Schaltung nach Abb. 62 d läßt sich, wie Abb. 66 a zeigt, sehr leicht auf diese Weise durch einen einfachen Widerstand R_2 ergänzen. An Stelle einer Batterie kann auch, nach Abb. 66 b, eine Anordnung mit einer Gleichrichterröhre verwendet werden. Als Heizbatterie kann gleichzeitig der Akkumulator für den kleineren Meßbereich verwendet werden.

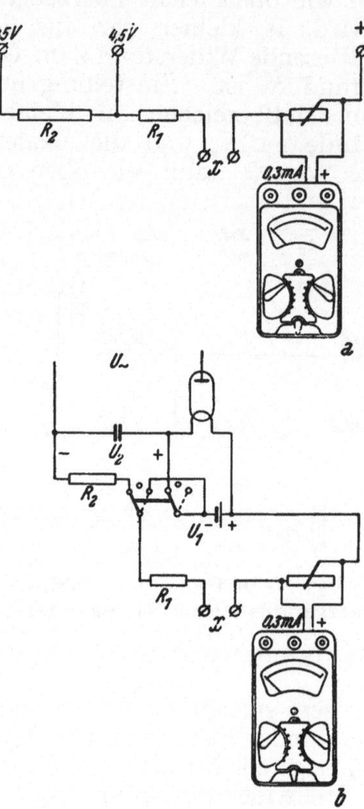

Abb. 66. Meßschaltung für höhere Widerstände mit erhöhter Spannung.

b) *Anwendungsbeispiele.*

Unter den in der Praxis häufig vorkommenden Fällen der Widerstandsbestimmung aus Strom- und Spannungsmessungen sollen einige im folgenden erwähnt werden.

Neben der groben Wicklungsprüfung, wie sie in der Schaltung nach Abb. 48 gezeigt wurde, die auch zur Spannungsabfallmessung und Widerstandsbestimmung herangezogen werden kann, wird die *Widerstandsmessung* durch Strom- und Spannungsmessung *an Kollektormaschinen* nach Abb. 67 an Spulenserien zwischen benachbarten Kollektorlamellen (1 und 2) oder an einzelnen Spulen im Wicklungsschritt (1 und 6) durchgeführt.

Ein wichtiges Anwendungsgebiet der Widerstandsmessung ist die *Bestimmung der Erwärmung von Wicklungen elektrischer Maschinen,* Transformatoren oder von sonstigen Spulenwicklungen nach dem Dauerlauf oder nach Stoßüberlastungen. Da sich bekanntlich der Ohmsche Widerstand von Kupfer um $\pm 0{,}4\%$ pro $\pm 1^0$ C ändert, kann die Änderung des Widerstandes der Wicklung unmittelbar zur Erwärmungsbestimmung herangezogen werden. Die Messung des Widerstandes vor und nach dem Versuch (R_{t_1}, bezw. R_{t_2}) kann nach den angeführten Methoden durchgeführt werden. Aus den ermittelten Widerstandswerten R_{t_1} und R_{t_2} bei den Temperaturen t_1, bezw. t_2, ergibt sich unmittelbar die Übertemperatur $t_ü = (t_2 - t_1)$ aus:

$$R_{t_2} - R_{t_1} = (1 + 0{,}004\, t_ü)\, R_{t_1} - R_{t_1} = 0{,}004\, R_{t_1} \cdot t_ü,$$

$$t_ü = \frac{R_{t_2} - R_{t_1}}{0{,}004\, R_{t_1}} = 250\, \frac{R_{t_2} - R_{t_1}}{R_{t_1}} = 250 \left(\frac{R_{t_2}}{R_{t_1}} - 1 \right).$$

Am bequemsten kann die Übertemperatur durch die Bestimmung der prozentualen Änderung des Widerstandes gemessen werden. Es kann die in Abb. 61 wiedergegebene Schaltung verwendet werden, doch fällt in diesem Fall selbstverständlich der Vergleichswiderstand R_N und der Umschalter weg. Die Messung wird folgendermaßen durchgeführt: Zunächst wird die Wicklung (R_x) im kalten Zustand gemessen. Nach der Wahl der entsprechenden Strom- und Spannungsmeßbereiche wird mit dem Regelwiderstand der Strom so eingestellt, daß der Zeiger des Meßwerkes auf den Teilstrich „50" zeigt. Anschließend wird die Spannung gemessen. Unmittelbar nach dem Dauer- oder Stoßversuch wird zunächst mit dem Regler die gleiche Spannung eingestellt und wieder der Strom gemessen. Aus den gemessenen Spannungs- und den Stromwerten können die beiden Widerstandswerte R_{t_1} und R_{t_2} und die Übertemperatur $t_ü$ aus der obigen Formel berechnet werden.

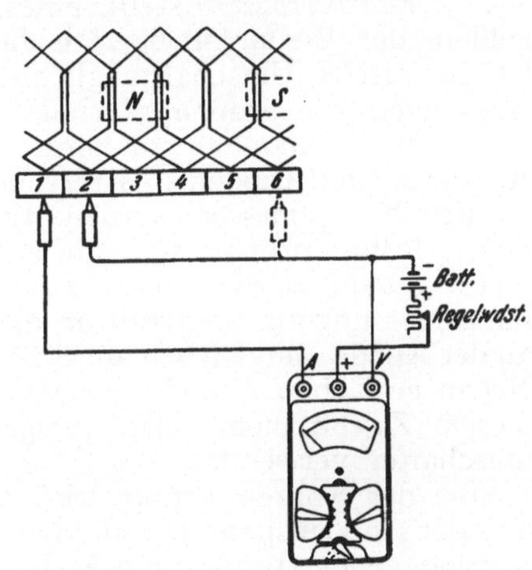

Abb. 67. Wicklungswiderstandsmessungen an Kollektormaschinen.

Mit Hilfe der in Abb. 68 gezeichneten Hilfsskala kann die Übertemperatur ohne Rechnung ermittelt werden. An Stelle der Übertemperatur kann auch die absolute Temperatur in Celsiusgraden bestimmt werden, wenn bei der ersten Messung der Zeigerausschlag des Meßwerkes mit Hilfe des Stromreglers nicht auf den Teilstrich 50, sondern auf den der Raumtemperatur entsprechenden, aus der Hilfsskala entnehmbaren Betrag eingeregelt wird. Bei Messungen im Freien und in den Wintermonaten kann diese Temperatur auch negative Werte annehmen.

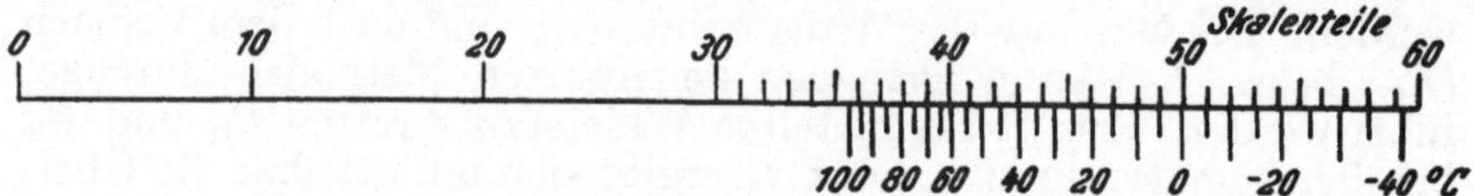

Abb. 68. Hilfsskala zur Erwärmungsmessung.

C. Röhrenprüfungen. Röhrencharakteristik.

Die Prüfung und die *Bestimmung der charakteristischen Werte von Verstärkerröhren* stellt eines der wichtigsten Anwendungsgebiete der Vielfachmeßgeräte dar. Gerade auf diesem Gebiete ist die rasche Umschaltmöglichkeit von Spannungs- auf Strommessungen von großem Vorteil. Röhrenprüfungen können z. B. mit dem Normameter so vorgenommen werden, daß Heiz- und Anodenstrom, Anoden-, Gitter- und Schirmgitterspannungen usw. unmittelbar gemessen werden. In der Praxis sind unter anderem neben Röhrenprüfgeräten zahlreiche Zusatzgeräte für das Normameter gebaut worden, die die rasche Umschaltung auf die Spannungsmessung am Steuergitter, die Strom- und Spannungsmessung an der Anode, desgleichen am Schirm- und am Hilfsgitter gestatten. Neben einfachen Kupplungssteckern mit Meßschnüren werden zu diesem Zweck mehr oder weniger komplizierte Mehrmeßstellenumschalter verwendet.

Bei der Röhrenprüfung wird nach der Kontrolle der Heizung und der Anodenspannung und nach der Wahl des vorgeschriebenen Kathodenwiderstandes, die Änderung des Anodenstromes bei Veränderung der Gittervorspannung um 1 V, die durch Änderung des Kathodenwiderstandes hergestellt wird, festgestellt. Der Unterschied dieses Emissionsstromes gibt die Steuerfähigkeit, bei Trioden unmittelbar die Steilheit der Röhre. Zu beachten ist, daß bei Mehrgitterröhren im gemessenen Emissionsstrom neben dem Anodenstrom noch der Schirmgitterstrom enthalten ist und man deshalb nicht unmittelbar die Steilheit erhält.

Neben der erwähnten Röhrenprüfung ist die *Aufnahme der Kennlinie* von Röhren, besonders beim Aufbau neuer Prüf-, Meß- oder Regeleinrichtungen oder bei der Entwicklung sonstiger Geräte mit Verstärkerröhren, notwendig. Sie kann in bekannter Weise nach Abb. 69 a erfolgen, in welcher Schaltung sowohl die Gitter-, als auch die Anodenspannung verändert werden kann. Die Gitterbatterie ist durch einen Widerstand in Potentiometerschaltung zu überbrücken, wobei der Widerstandswert einen der Batteriespannung angemessenen Wert haben soll, ohne eine zu große Belastung derselben zu bewirken. Also für 30 V z. B. $R_G = 2\,500$ Ohm. In analoger Weise ergibt sich der Widerstand des Anodenpotentiometers R_A. Bei Beginn der Messung ist der Potentiometerschieber R_G so einzustellen, daß das Gitter eine möglichst große negative Spannung erhält. Der Spannungsmeßbereichschalter des Meßgerätes wird auf 30 V, der Strommeßbereichschalter (je nach der zu prüfenden Röhre) z. B. auf 0,012 A gestellt.

Jedem Wert der Gitterspannung U_G ist bei einer bestimmten, konstant gehaltenen Anodenspannung U_A, die vor Beginn der

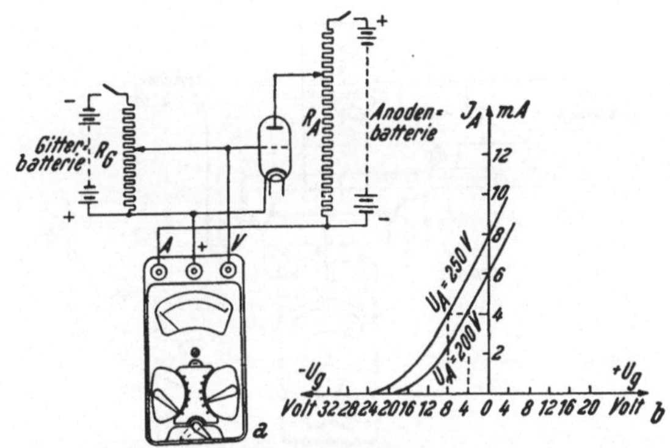

Abb. 69. Aufnahme der Kennlinie einer Triode.

Untersuchung gesondert gemessen werden kann, ein bestimmter Anodenstrom J_A zugeordnet. Bei verschiedenen Gitterspannungswerten bestimmt man den zugehörigen Anodenstrom und zeichnet in üblicher Weise mit Hilfe der erhaltenen Punkte den Verlauf der Kurve (Abb. 69 b). Aus der Kurve läßt sich die Steilheit der Röhre als Quotient $S = \frac{\Delta J_A}{\Delta U_G} \frac{\text{mA}}{\text{V}}$ ermitteln, z. B.: $S = \frac{4}{8} \frac{\text{mA}}{\text{V}} = 0{,}5\ \text{mA/V}$. Der gleiche Vorgang kann auch bei anderen Anodenspannungen vorgenommen werden, so daß auch der Durchgriff $D = \frac{\Delta U_G}{\Delta U_A}$ bei konstantem Anodenstrom I_A aus der Kurvenschar abgelesen werden kann. In dem Beispiel ergibt sich:

$$D = \frac{4}{50} = 0{,}08 \ldots 8\,\%.$$

Bei Mehrgitterröhren kann die Aufnahme der Kennlinie analog durchgeführt werden. Zur Messung der Schirmgitterspannung, des Schirmgitter- und des Anodenstromes usw. wird man, wie oben bereits erwähnt, in diesem Fall zweckmäßig einen Mehrmeßstellenumschalter verwenden.

Die obige Schaltung kann durch Verwendung einiger einfacher Umschalter nach Abb. 70 so ergänzt werden, daß sie neben der Aufnahme von Röhrenkennlinien auch als *Röhrenvoltmeter* in der Schaltung als Amplitudenmesser verwendet werden kann. Die Schaltung ist mit einer entsprechenden Spule auch als Feldstärkemesser geeignet. Bei der Messung von Spannungen ist nur für einen entsprechenden Gitterableitwiderstand zu sorgen. Der Umschalter S_1 gestattet in der einen Stellung die Messung der Anodenspannung, in der anderen die Messung der Gitterspannung und des Anodenstromes. Mit dem Umschalter S_2 kann die Ein-

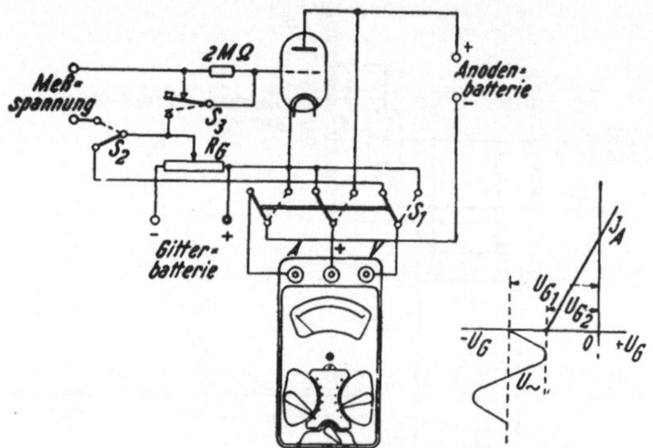

Abb. 70. Kombinierte Röhrenprüfschaltung und Audionröhrenvoltmeter.

richtung zur Aufnahme der Kennlinie oder zur Amplitudenmessung umgeschaltet werden. Die Messung der Amplitude einer Wechselspannung geschieht durch Regelung der Gittergleichspannung bis der Anodenstrom gerade Null wird. Der Wert der Gittergleichspannung U_{G1} wird mit dem Normameter gemessen. Nach dem Drücken des Tasters S_3 kann die Gittergleichspannung neuerlich nunmehr ohne überlagerter Wechselspannung wieder so eingestellt und gemessen werden (U_{G1}), bis der Anodenstrom gerade Null wird. Die Meßspannung wird dabei über einen Schutzwiderstand von z. B. 2 MOhm kurz geschlossen. Die Differenz (U_{G1}— U_{G2}) gibt die Amplitude der Wechselspannung.

Durch diese verhältnismäßig einfache Schaltung ist die Möglichkeit gegeben, das Normameter außer in den eingebauten Meßbereichen (für Gleich- und Wechselspannung, bezw. für Gleich- und Wechselströme bis etwa 10 kHz) auch noch für Hochfrequenzspannungen zu verwenden. Bei sinusförmiger Wechselspannung kann bekanntlich aus dem gemessenen Amplitudenwert $\overline{U} = U_{G2} - U_{G1}$, der Effektivwert U_{eff} aus:

$$U_{eff} = \frac{\overline{U}}{\sqrt{2}}$$

bestimmt werden.

Außer in der geschilderten Schaltung kann in ähnlicher Weise das Normameter auch in den sonst üblichen Röhrenvoltmeterschaltungen, wie in Anodenröhrenvoltmetern mit Kompensation usw., verwendet werden. Grundsätzlich neue Gesichtspunkte und Erweiterungen des Meß- und Verwendungsbereiches von Vielfachmeßgeräten ergeben sich dabei nicht. Aus diesem Grunde soll auch auf die vielen in der Radiotechnik üblichen Anwendungsmöglichkeiten, deren Aufzählung den Rahmen dieser Arbeit überschreiten würde, nicht näher eingegangen werden.

D. Messung des Reststromes von Elektrolytkondensatoren.

Neben dem Verlustwinkel ist bekanntlich der Reststrom bei angelegter Gleichspannung ein Maß für die Güte eines Kondensators. Bei richtigem Anschluß einer Gleichspannung kann die Stromstärke bei Elektrolytkondensatoren nie ganz Null werden, da die geringsten Beimengungen, die auch im reinsten Aluminium vorhanden sind, an der betreffenden Stelle eine Elektrolyse verhindern. Diese punktförmigen Beimengungen werden also immer Veranlassung zum dauernden Fluß eines geringen Stromes geben. Bei genügend langer Elektrolyse wird aber auch unter die Verunreinigungen Elektrolyt eindringen und zur Isolierung führen. Bei guten Elektrolytkondensatoren sinkt der Reststrom nach längerer Betriebsdauer auf wenige Mikroampere und soll den Wert 0,5 μA pro 1 Mikrofarad und pro 1 Volt nicht überschreiten.

Der Reststrom bei Elektrolytkondensatoren kann nicht mit dem Isolationsstrom von Papierkondensatoren verglichen werden. Bei ersteren wird der Reststrom mit zunehmender Betriebsdauer kleiner, während der Isolationsstrom bei letzterem mit zunehmendem Alter größer wird. Bei Papierkondensatoren wirkt der Isolationsstrom im Laufe der Zeit zerstörend, während der Reststrom bei Elektrolytkondensatoren nur an schwachen Punkten den Film durchdringt und hier aufbauend wirksam ist. Der Reststrom wird im übrigen nach längeren Betriebspausen etwas größer und steigt auch bei höheren Temperaturen.

Elektrolytkondensatoren werden hauptsächlich zur Glättung von pulsierendem Gleichstrom verwendet, also eines Gleichstromes, dem ein Wechselstrom überlagert ist. Der Gleichstrom stellt für den Kondensator keine Belastung dar, während der Wechselstromanteil in der ganzen Größe des kapazitiven Leitwertes den Kondensator durchfließt. Wenn also ein Elektrolytkondensator hohe Verluste hat, tritt eine starke Erwärmung ein. Wenn man berücksichtigt, daß sich der Verlustwinkel während des Betriebes nicht verbessern kann, wie etwa der Reststrom, dann kann gesagt werden, daß nicht der Reststrom allein, sondern Verlustwinkel und Reststrom zusammen als Maß für die Güte eines Elektrolytkondensators angesehen werden können.

Bei allen Prüfungen und Messungen an Elektrolytkondensatoren ist der betriebsmäßige Zustand in möglichster Annäherung einzuhalten. Damit der Strom möglichst 0,1 A nicht überschreitet, sollen Elektrolytkondensatoren nicht ohne Schutzwiderstand unmittelbar ans Netz angeschaltet werden.

Die Messung des Reststromes bei einer bestimmten Spannung geschieht in einfacher Weise nach Abb. 71, indem man den Kondensator, einen entsprechenden Schutzwiderstand und das Normameter als Milliamperemeter hintereinander an die Spannung schaltet. Um das Meßgerät bei der Einschaltung der Spannung vor Überlastungen durch den ersten Ladestromstoß zu schützen, wird entweder zunächst der höchste Strommeßbereich des Normameters gewählt und dann allmählich auf die gewählten kleineren Meßbereiche umgeschaltet oder es werden, vor allem bei der Verwendung der an Buchsen zugänglichen kleineren Strommeßbereiche, die Stromklemmen, wie in Abb. 71 angedeutet, kurz geschlossen. Um einwandfreie Meßergebnisse zu erhalten, ist dafür zu sorgen, daß die Spannung genügend konstant bleibt.

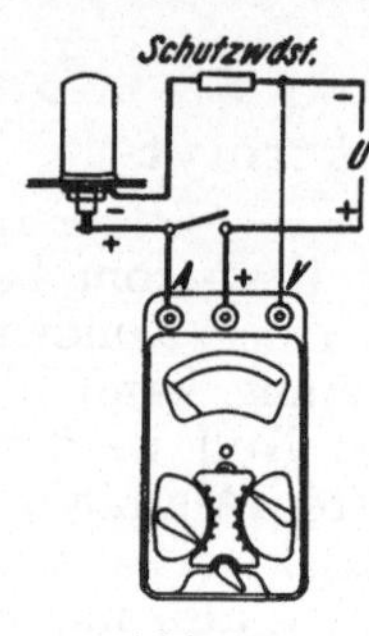

Abb. 71. Messung des Reststromes von Elektrolytkondensatoren.

2. Bestimmung physikalischer Größen.

Als Anwendungsbeispiel zur Bestimmung einer dritten physikalischen Größe in Abhängigkeit von Gleichstrom und Gleichspannung soll die *Zeitbestimmung durch Messung der Ladung und Entladung von Kondensatoren über Ohmsche Widerstände* erwähnt werden. Schaltet man nach Abb. 72 a eine Gleichspannung U_0 an eine Serienschaltung eines Kondensators und eines Widerstandes, dann ladet sich der Kondensator erst allmählich über den Widerstand R auf und die Spannung an den Klemmen des Kondensators mit der Kapazität C steigt nach der Gleichung:

$$U_1 = U_0 \left(1 - e^{-t/T}\right),$$

wobei U_1 der Momentanwert der Spannung am Kondensator zur Zeit t und $T = R\,C$ die Zeitkonstante in Sekunden ist. Im Moment des Einschaltens der Spannung stellt der Kondensator einen Kurzschluß dar und es fließt ein Strom mit dem Momentanwert:

$$J_0 = \frac{U_0}{R}.$$

Während der Aufladung nimmt der Strom allmählich ab nach der Gleichung:

$$J_1 = \frac{U_0}{R} e^{-t/T}.$$

Schließt man nun z. B. nach dem Umlegen des Schalters S, den aufgeladenen Kondensator C über den Widerstand R kurz, dann fällt die Spannung von dem Anfangswert U_0, wie Abb. 72 b zeigt, nach der Gleichung:

$$U_2 = U_0 e^{-t/T}.$$

bezw. der Strom vom Anfangswert U_0/R nach der Gleichung:

$$J_2 = \frac{U_0}{R} e^{-t/T}.$$

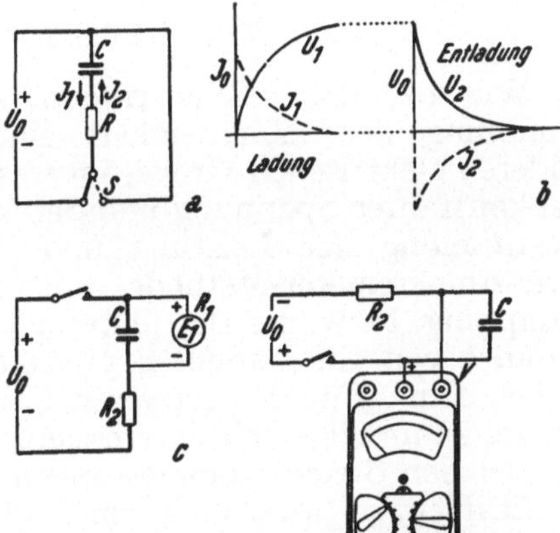

Abb. 72. Zeitbestimmung durch Messung der Ladung und Entladung eines Kondensators über einen Ohmschen Widerstand.

Der Strom fließt in diesem Fall in entgegengesetzter Richtung durch den Widerstand.

In der Schaltung Abb.72c, kann nach *W. Enders* nun der durch die Werte von C und R genau definierte zeitliche Verlauf der Ladung und Entladung eines Kondensators über einen Widerstand zur Bestimmung der Abfallverzögerung eines Relais oder dergleichen in dem Bereich von 1 . . . 0,005 sek. benützt werden, wenn zu diesem Zweck ein entsprechender Oszillograph nicht zur Verfügung steht. Das Meßinstrument mit dem Widerstand R_1 und der Kondensator C sind parallel geschaltet. In Serie damit liegt der Widerstand R_2 und der Kontakt, dessen Schaltzeit t gemessen werden soll.

Unter der Bedingung, daß das Instrument sich genügend rasch einstellt, gut gedämpft ist und nach einer Sekunde eine einwandfreie Ablesung ermöglicht, ergibt sich die Abfallverzögerung des Relais mit einer Meßgenauigkeit von einigen Prozenten aus:

$$t \sim 1{,}2\, C\, R \frac{E_1}{2\, U_0}.$$

Auf die Theorie dieser Meßmethode und die umfangreiche Ableitung der obigen Formel, sowie auf die genauen Durchführungsbestimmungen der Messung, soll hier für diesen Spezialfall nicht näher eingegangen werden. Das Verfahren zählt eigentlich nur dem

Sinne nach zu den Strom- und Spannungsmessungen, läuft aber auf eine Spannungsmessung hinaus.

Als günstigste Werte werden gewählt: $C = 50\,\mu F$, $R_1 = 100\,000 \ldots 200\,000$ Ohm (z. B. nach Abb. 72 d das Normameter mit dem Spannungsmeßbereich 120 V), $R_2 = 100\,000\,t \ldots 200\,000\,t$, also $R_2 = 100 \ldots 200$ Ohm pro Mikrosekunde. Die Spannung U_0 muß allerdings möglichst hoch gewählt werden und soll etwa 500 V betragen. Die gemessene Spannung E_1 ergibt sich dann etwa mit $0.1 \ldots 0{,}2\, U_0$. Bei der Messung ist auf gute Kontaktverhältnisse und auf vernachlässigbare Selbstinduktivität der Widerstände zu achten.

IV. Wechselstrommessungen.

Wie bei den Gleichstrommessungen werden hier die Bestimmung der Abhängigkeit eines Wechselstromes von einer anderen elektrischen Größe, im wesentlichen also Strommessungen bei konstanter Spannung und der Vergleich von Strömen, z. B. die Bestimmung der Leistung und des Leistungsfaktors nach der Drei-Amperemeter-Methode und die Bestimmung der Leitungsdämpfung, bezw. die Bestimmung der Abhängigkeit eines Wechselstromes von einer anderen physikalischen Größe in Betracht zu ziehen sein. Für den letzteren Fall ergeben sich allerdings in der Praxis kaum allgemein interessierende Anwendungsbeispiele. Viele der bei den Gleichstrommessungen erwähnten, allgemein gültigen Richtlinien, so unter anderem die bei Messungen mit Nebenwiderständen und bei Messungen sehr kleiner Ströme gegebenen, können bei Wechselstrom sinngemäß angewendet werden.

1. Bestimmung elektrischer Größen.

A. Wechselstrommessungen unter Annahme einer bekannten und konstanten Spannung.

a) *Grundsätzliche Schaltungen.*

Die grundsätzlichen Schaltschemen zur *Messung von Wechselströmen* sind in Abb. 73 wiedergegeben. Die Schaltungen a und b *unter Verwendung der eingebauten Meßbereiche* bedürfen keiner näheren Erläuterung. Die *Meßbereicherweiterung* kann zunächst *durch Nebenwiderstände* in der Schaltung c erfolgen. Ihre Verwendung ist begrenzt durch die Eigenerwärmung, bezw. die Wattbelastung und bei höheren Frequenzen durch ihre Selbstinduktivität. Um die Wattbelastung möglichst gering zu halten, wählt man am besten einen der eingebauten höheren Strommeßbereiche mit dem Spannungsabfall von 750 mV. Die Wattbelastung würde dann am kleinsten sein, wenn am Normameter der Meßbereich 6 A gewählt wird. Dies hat aber den Nachteil, daß bei diesem Meßbereich der Spannungsabfall wegen des Schalterübergangswiderstandes und der Zuleitungswiderstände im Inneren des Meßgerätes, wie dies bereits auch bei Gleichstrom im Falle der Schaltung nach Abb. 34 b beschrieben wurde, nicht mehr genau 750 mV beträgt und der Widerstand der Zuleitungen zwischen Meßgerät

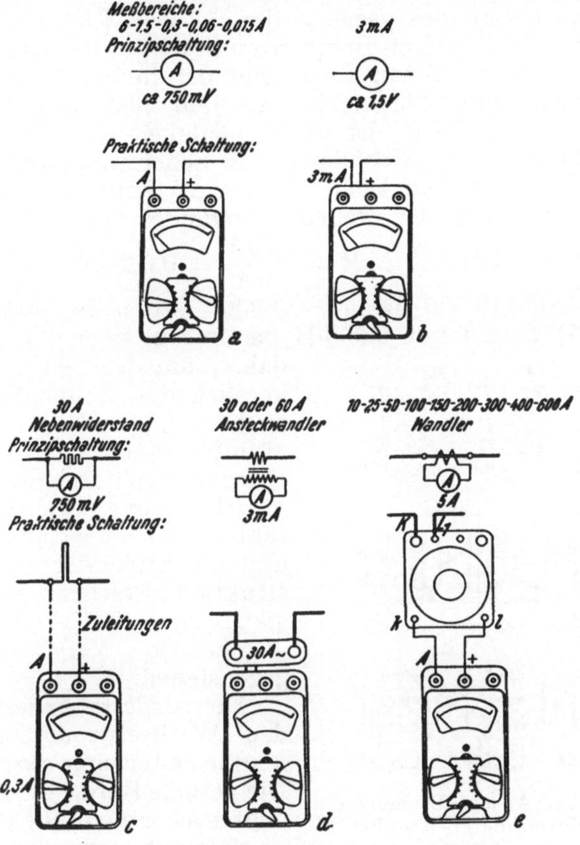

Abb. 73. Grundsätzliche Schaltungen zur Messung von Wechselströmen.

und Nebenwiderstand nicht mehr als 0,001 Ohm sein darf, wenn der Meßfehler nicht mehr als 1% betragen soll. Bei längeren Zuleitungen verwendet man am besten den Meßbereich 0,3 A mit einem inneren Widerstand von 2,5 Ohm. In diesem Fall kann der Leitungswiderstand etwa 0,01 ... 0,02 Ohm betragen. Bei der Justierung des Nebenwiderstandes wird der Wert 0,3 A „abgesetzt“. Im allgemeinen werden einfache Nebenwiderstände bis zu einem Nennbereich von etwa 30 A nur in der Starkstromtechnik verwendet, wenn der hohe Leistungsverbrauch von etwa 22 W keine Rolle spielt. Bei der Verwendung dieser Nebenwiderstände für Ströme höherer Frequenz spielt, wie erwähnt, noch der Einfluß ihrer Selbstinduktivität auf die Meßgenauigkeit eine große Rolle. Ist der Ohmsche Widerstand R und die Selbstinduktivität L, dann ist bei Wechselstrom bekanntlich der Scheinwiderstand Z des Nebenwiderstandes gegeben durch: $Z = \sqrt{R^2 + (\omega L)^2}$. Da das Meßgerät bei höheren Frequenzen in den in der Einleitung angegebenen Grenzen genau zeigt und der innere Widerstand bei dem eingeschalteten Meßbereich als rein Ohmscher Widerstand angesehen werden kann, ist die Genauigkeit des Meßergebnisses unmittelbar von der Erhöhung des Scheinwiderstandes Z abhängig. Wie man sich leicht überzeugen kann, erhöht sich der Scheinwiderstand Z des Nebenwiderstandes für 30 A mit dem Ohmschen Widerstand: $R = \frac{0{,}75\ \mathrm{V}}{30\ \mathrm{A}} = 0{,}025\ \mathrm{Ohm}$, bei einer Frequenz von 10 000 Hz ($\omega = 62\,800$) schon bei einer Selbstinduktivität L von nur 0,05 μH bereits um über 1%. Man muß daher, um den Selbstinduktionskoeffizienten L möglichst klein zu halten, den Nebenwiderstand als bifilares Manganinband, dessen Dimensionen durch die spezifische Wattbelastung gegeben sind, ausführen. Der hohe Eigenverbrauch und die keineswegs billige Konstruktion solcher Nebenwiderstände sind die Gründe, die ihrer allgemeinen Verwendung entgegenstehen.

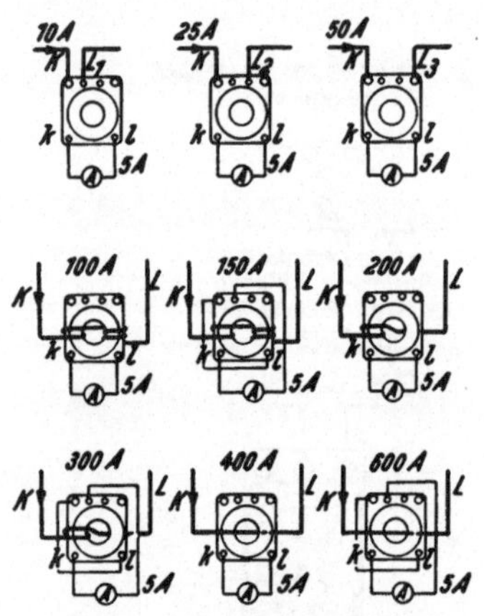

Abb. 74. Anschlußschemen zum Normameter-Wandler.

Die *Meßbereicherweiterung* bei den Wechselstrombereichen erfolgt in erster Linie *durch Wandler*. Die geringe Bürde, die das Gleichrichterinstrument für den Wandler darstellt, ermöglicht es, sehr kleine Wandler zu bauen, die nach Abb. 73 d, z. B. für 30 oder 60 A, als Ansteckwandler ausgeführt werden. Für die Dimensionierung dieser kleinen Wandler, an deren sekundäre Wicklung das Normameter mit dem Meßbereich 3 mA angeschlossen wird, ist die AW-Zahl und die durch den inneren Widerstand der sekundären Wicklung, die eine sehr hohe Windungszahl aufweist, gegebene Bürde maßgebend. Da höhere Ströme im Tonfrequenzbereich selten zur Anwendung kommen, wird dieser Wandler meist auch nur für technische Frequenzen gebaut.

Für die Messung noch höherer Stromstärken können beliebige Wandler benützt werden, die für einen sekundären Strom von

5 A gebaut sind. Die Schaltung zeigt Abb. 73 e. Ein derartiger Wandler der Klasse 0,2, der meist für Leistungsmessung, also für den Anschluß von Strommessern und des Strompfades von Leistungsmessern bestimmt ist, ist z. B. für eine Bürde von 5 VA ausgelegt. Wie die einzelnen Schaltungen Abb. 74 zeigen, besitzt der Wandler noch einige, an Klemmen herausgeführte sekundäre Wicklungen und ist im übrigen für die höheren Meßbereiche als Durchsteckwandler für 400 AW ausgeführt. Zwischenmeßbereiche, wie für 150 und 300 A und ein hoher Meßbereich für 500 A, lassen sich durch Serienschaltung eines Teiles der eingebauten Primärwicklung mit der Sekundärwicklung für 5 A erreichen. Der Meßbereich 6 A des Meßgerätes gestattet es, die vorschriftsmäßige 20%-ige Überlastbarkeit auszunützen, so daß z. B. bei einer Übersetzung von 600/5 A noch 720 A gemessen werden können.

b) Anwendungsbeispiele.

Unter den Anwendungsbeispielen ist als Spezialfall der Starkstromtechnik, die *Strommessung mit* (*Dietze-* oder Zangen-)*Anlegern* zu erwähnen. Gewöhnlich werden diese Geräte mit einem ansteckbaren Dreheisen- oder Gleichrichtermeßgerät ausgeführt. Grundsätzlich ist ein solcher Anleger nichts anderes als ein Wandler, dessen Eisenkern um den stromführenden Leiter herumgelegt werden kann. Anfang und Ende der um den Eisenkern gewickelten Sekundärspule wird mit dem Meßgerät verbunden. In Verbindung mit einem Vielfachmeßgerät läßt sich nach Abb. 75 der Anleger auch zur Messung kleinerer Ströme verwenden, doch ist dann wegen der geringen AW-Zahl, die Wechselstromskala des Meßgerätes nur so lange unmittelbar verwendbar, als unter Berücksichtigung des Wicklungswiderstandes der Anlegerspule, die Bürde nicht wesentlich von der Bürde, für die der Wandler gebaut ist, abweicht. Man kann aber auch unter Zuhilfenahme von vorher in der gleichen Schaltung geeichten Hilfs- oder Anlegeskalen für jeden einzelnen Meßbereich des Anzeigegerätes, wie sie bei der Temperaturmessung mit Thermoelementen und bei der Erwärmungsmessung in Abb. 53 und 68 gezeigt wurden, die Messungen durchführen. Gelegentlich kann mit einem Zwischenwandler das Meßgerät an den Anleger angepaßt werden und in gewissen Grenzen eine Übereinstimmung des Skalenverlaufes erreicht werden. Es ist noch zu erwähnen, daß bei höheren Spannungen am Leiter Anleger und Meßgerät berührungssicher aufgestellt werden müssen.

Bei der Verwendung von Hochfrequenzwandlern, wie sie von Sendeamateuren und auch sonst in der Radiotechnik vielfach verwendet werden, ist es meist notwendig, die elektromagnetischen und elektrostatischen Beeinflussungen des Meßgerätes zu beachten, um Fälschungen der Meßergebnisse und unter Umständen auch Überlastungen des Meßgerätes zu verhindern. Geeignete Maßnahmen, die je nach Schaltung und Verwendungszweck angewendet werden müssen, sind: Anschaltung des Wandlers primär einpolig am Erdpotential, Verdrillung der Leitungen zwischen Wandler und Meßgerät und elektrostatische Abschirmung der Zuleitungen und des Meßgerätes.

Es soll hier erwähnt werden, daß z. B. zur Prüfung von Sendern, Oszillatoren usw., das Normameter in der Gleichstromschaltung für 0,3 mA in Verbindung mit einem Detektor und einem Hoch-

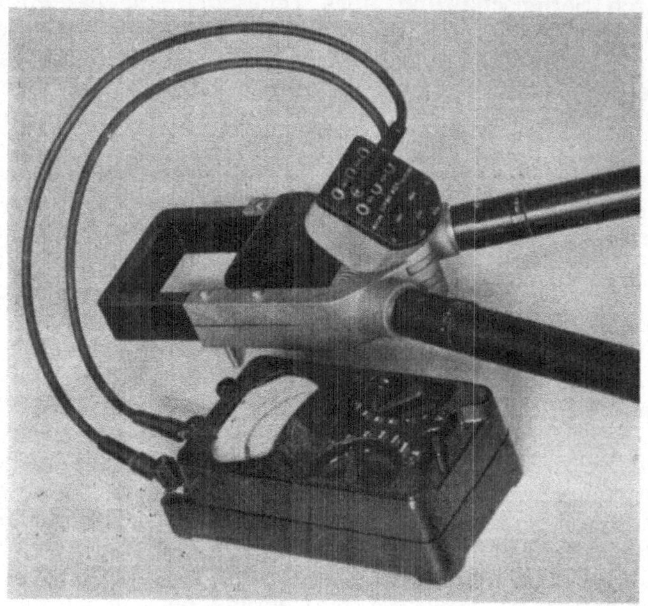

Abb. 75. Zangenanleger in Verbindung mit dem Normameter.

frequenz-Schwingungskreis als *Anzeigegerät für Hochfrequenz* verwendet werden kann. Wird der Schwingungskreis in Frequenzen geeicht, so kann diese Anordnung als Absorptions-Frequenzmesser verwendet werden.

B. Vergleich von Wechselströmen.

Zur Bestimmung der Leistung und des Leistungsfaktors werden gewöhnlich elektrodynamische Leistungsmesser verwendet. Diese Meßgeräte sind wegen der mehr oder weniger großen Induktivität ihrer Spulenwicklungen usw. in erster Linie zur Verwendung für das technische Frequenzgebiet bestimmt. Mit Frequenzkompensationsschaltungen haben diese Geräte allerdings in gewissen Grenzen auch im Tonfrequenzgebiet Eingang gefunden.

a) *Grundsätzliche Schaltungen.*

Das Trockengleichrichtervielfachmeßgerät ist in der grundsätzlichen Schaltung (Abb. 76 a) nach der bekannten *Drei-Amperemeter-Methode* zur Bestimmung dieser Leistungsgrößen auch im technischen Gebiet geeignet. Im wesentlichen beruht die Methode auf einem Vergleich eines Stromes i_1, der durch einen Ohmschen Widerstand R fließt, — dessen Wert bekannt und um eine möglichst hohe Meßgenauigkeit zu gewährleisten, annähernd in der gleichen Größenordnung wie der Scheinwiderstand Z des Verbrauches sein soll, — mit einem Strom i_2 durch den Verbraucher, dessen Leistungsaufnahme und Leistungsfaktor bestimmt werden soll. Widerstand und Verbraucher liegen parallel an der Spannung. Schließlich ist es auch noch notwendig, die Summe der beiden Ströme durch den Widerstand und den Verbraucher zu messen.

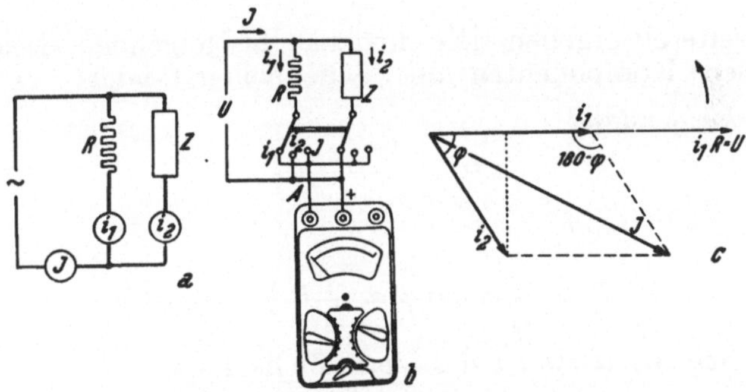

Abb. 76. Drei-Amperemeter-Methode zur Bestimmung von Leistung und Leistungsfaktor.

b) *Anwendungsbeispiele.*

Abb. 76 b zeigt das Normameter in der praktischen Schaltung zur *Bestimmung der Leistung und des Leistungsfaktors* nach der Drei-Amperemeter-Methode. Zunächst wird der Strom i_1 durch den Vergleichswiderstand R, der vor allem bei höheren Tonfrequenzen möglichst kapazitäts- und induktivitätsarm sein soll, gemessen, und die Eingangsspannung errechnet aus: $U = i_1 R$. Wie das Vektordiagramm (Abb. 76 c) zeigt, sind U und i_1 in Phase. Dann wird i_2 und J gemessen. Die Ströme i_1 und i_2 ergeben vektoriell addiert den Strom J. Damit ist die Lage von i_2, bezw. der Winkel φ zwischen i_2 und U bestimmt. Die senkrechte Komponente von i_2 auf U gibt die Wirkleistung. Dies gilt streng genommen nur, wenn der innere Widerstand des Meßgerätes vernachlässigt werden kann.

Die Drei-Amperemeter-Methode ist also in erster Linie zur Bestimmung der Leistungsgrößen bei höheren Spannungen und höheren Widerständen geeignet. Aus dem Vektorbild ergibt sich nach dem Kosinussatz:

$$J^2 = i_1^2 + i_2^2 - 2\, i_1\, i_2 \cos(180 - \varphi),$$
$$2\, i_1\, i_2 \cos\varphi = J^2 - i_1^2 - i_2^2$$

der *Leistungsfaktor*:

$$\cos\varphi = \frac{J^2 - i_1^2 - i_2^2}{2\, i_1\, i_2}$$

bezw. durch Einsetzen von: $i_1 = U/R$,

$$2\, \frac{U}{R}\, i_2 \cos\varphi = J^2 - i_1^2 - i_2^2$$

die *Wirkleistung*:

$$N_W = U\, i_2 \cos\varphi = \frac{R}{2}\,(J^2 - i_1^2 - i_2^2).$$

Im weiteren ergeben sich zunächst aus folgenden Gleichungen die beiden Komponenten des Scheinwiderstandes:

der *Wirkwiderstand*:

$$R_z = \frac{i_1}{i_2}\, R \cos\varphi$$

der *Blindwiderstand*:

$$X_Z = \frac{i_1}{i_2}\, R \sin\varphi = \frac{i_1}{i_2}\, R \sqrt{1 - \cos^2\varphi}$$

und der *Scheinwiderstand* des Verbrauchers:

$$Z = \frac{i_1}{i_2}\, R,$$

schließlich die *Blindleistung*:

$$N_B = i_1\, i_2\, R \sin\varphi = i_1\, i_2\, R \sqrt{1 - \cos^2\varphi}$$

und die *Scheinleistung*: $N_S = i_1\, i_2\, R$.

Beim Entwurf des Vektorbildes muß bei kleineren Spannungen und kleineren Widerständen der innere Widerstand des Meßgerätes, der als Ohmscher Widerstand angesehen werden kann, und der Spannungsabfall bei den eingeschalteten Meßbereichen berücksichtigt werden.

Als weiteres Beispiel zum Vergleich von Wechselströmen, soll hier die *Bestimmung der Vierpol- oder Leitungsdämpfung* angeführt werden.

Bekanntlich ergeben die Vierpolgleichungen, daß die Verminderung der Spannung und des Stromes bei einer beiderseitig mit ihrem Wellenwiderstand abgeschlossenen Leitung proportional der Größe e^g, die Verminderung der Leistung N proportional der Größe e^{2g} ist. Man nennt g das Übertragungsmaß, das definiert ist durch den Ausdruck: $g = b + j\, a$, wobei b als Dämpfungsmaß und a als Phasenmaß bezeichnet wird. Wenn am Anfang der Leitung, die also beiderseits mit dem Wellenwiderstand abgeschlossen ist, die Spannung U_1 und der Strom J_1, am Ende U_2, bezw. J_2 ist, dann ist:

$$\frac{U_1}{U_2} = \frac{J_1}{J_2} = e^g = e^b \,.\, e^{ja}.$$

Die Vierpoldämpfung b ist bestimmt durch das Verhältnis der Scheinleistung am Anfang $N_1 = U_1 J_1$ zu der am Ende $N_2 = U_2 J_2$:

$$e^{2b} = \frac{N_1}{N_2}$$

bezw. durch:

$$b = \ln \frac{U_1}{U_2} = \ln \frac{J_1}{J_2} = \frac{1}{2} \ln \frac{U_1 J_1}{U_2 J_2}.$$

Die Einheit der Dämpfung ist 1 Neper. Es ist dies der Ausdruck dafür, daß das Verhältnis der beiden Spannungen oder der beiden Ströme gleicher Dimensionen den Betrag $e = 2{,}718 \ldots$ hat. Beträgt also z. B. die Spannung am Anfang einer beiderseits mit dem Wellenwiderstand abgeschlossenen Leitung $U_1 = 2{,}718$ V und am Ende $U_2 = 1$ V, dann hat dieses Leitungsgebilde gerade eine Dämpfung von 1 Neper.

Ein Beispiel der Bestimmung der Dämpfung an einem Vierpol, z. B. an einer Leitung, einem Dämpfungsglied, einer Siebkette oder dergleichen, zeigt Abb. 77. Der Vierpol hat einen Wellenwiderstand $Z = 600$ Ohm und der zur Verfügung stehende Röhrengenerator einen Ausgangswiderstand von 3000 Ohm. Die Meßfrequenz sei 800 Hz. Zur Messung sind in diesem Fall zwei Normameter notwendig.

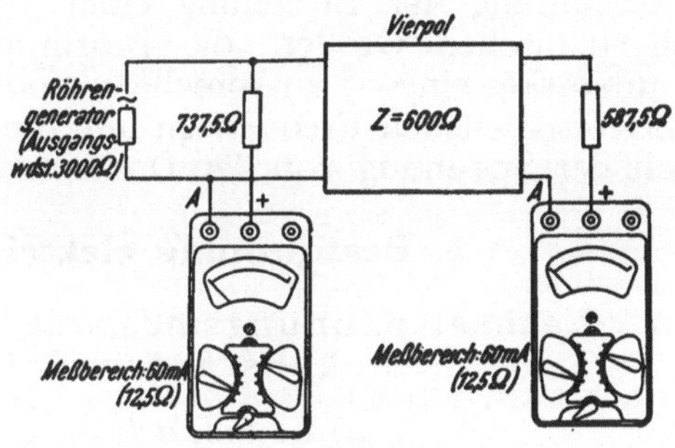

Abb. 77. Messung der Vierpoldämpfung.

Um am Anfang des Vierpoles den richtigen Abschlußwiderstand von 600 Ohm einzustellen, muß zu dem Ausgangswiderstand des Röhrengenerators von 3 000 Ohm ein Widerstand von 750 Ohm parallel geschaltet werden. Die Spannung am Anfang der Leitung kann nun indirekt durch die Messung des Stromes durch diesen Widerstand gemessen werden. Der Strom wird z. B. bei dem Meßbereich 0,06 A gemessen. Da der innere Widerstand des Meßgerätes bei diesem Meßbereich 12,5 Ohm beträgt, ist, wie Abb. 77 zeigt, ein Widerstand von 737,5 Ohm einzuschalten.

Da am Ausgang ebenfalls ein Widerstand von 600 Ohm notwendig ist, muß in analoger Weise dem zweiten Normameter, das in diesem Fall ebenfalls auf dem Meßbereich 0,06 A eingestellt ist, ein Widerstand von 587,5 Ohm vorgeschaltet werden.

Der gemessene Strom durch den Widerstand von 750 Ohm am Eingang betrug 40 mA. Die eingestellte Eingangsspannung ist also:

$$U_1 = 750 \cdot 0{,}04 = 30\,\mathrm{V}.$$

Der Strom durch den Widerstand von 600 Ohm am Ausgang betrug 30 mA. Die Ausgangsspannung ist demnach:

$$U_2 = 600 \cdot 0{,}03 = 18\,\mathrm{V}.$$

Die Dämpfung errechnet sich somit aus:

$$b = \ln \frac{30}{18} = \ln 1{,}66 = 0{,}51\,\mathrm{Neper}.$$

V. Wechselspannungsmessungen.

Folgende Fälle kommen im wesentlichen in der Praxis in Betracht: Als Bestimmung der Abhängigkeit einer Wechselspannung von anderen elektrischen Größen: die Bestimmung der Empfindlichkeit und anderer Aussteuerungsgrößen von Verstärkern, sowie als Vergleich von Spannungen, die Drei-Voltmeter-Methode zur Bestimmung der Leistung und des Leistungsfaktors, und als Bestimmung der Beziehung einer Wechselspannung zu anderen physikalischen Größen: die Bestimmung der Abhängigkeit der Lautstärke eines Lautsprechers von der angelegten Spannung bei verschiedenen Frequenzen und die Bestimmung der Abhängigkeit der Spannung von der Drehzahl bei Generatoren usw.

1. Bestimmung elektrischer Größen.

A. Wechselspannungsmessungen bei gegebener und konstanter Belastung.

a) *Grundsätzliche Schaltungen.*

Die Schaltungen zur *Messung von Wechselspannungen unter Verwendung der eingebauten Meßbereiche* sind für die im Normameter eingebauten Meßbereiche in Abb. 78 wiedergegeben. Die *Erweiterung der Meßbereiche* auf 1 200 oder 1 800 V, bezw. für Zwischenmeßbereiche von 12, 15 oder 60 V, kann nach Abb. 79a...c *durch Ansteckvorwiderstände* und für noch höhere Spannungen durch *separate Vorwiderstände* erfolgen, deren Größe sich für einen Stromverbrauch von 3 mA (333 Ohm pro V) errechnet. Im übrigen gelten bezüglich der Schaltung und praktischen Verwendung dieselben Gesichtspunkte, wie sie bei den Gleichspannungsmessungen erwähnt wurden.

Eine wesentliche Erweiterung erfahren die Wechselspannungsbereiche vor allem in der Starkstromtechnik durch die *Anwendung von Spannungswandlern* (Abb. 80). Die sekundären Spannungen sind meist 110 oder 220 V. Da das Normameter bei dem Meßbereich 150 V einen inneren Widerstand von 50 000 Ohm und bei 300 V einen solchen von 100 000 Ohm besitzt, stellt es an die Sekundärseite des Wandlers angeschaltet eine Bürde von $\frac{E^2}{R} = \frac{110^2}{50\,000} = 0{,}24$, bezw. $\frac{220^2}{100\,000} = 0{,}48$ VA dar. In den meisten Fällen ist also zur Bestimmung der primären Spannung annähernd das Leerlaufübersetzungsverhältnis maßgebend.

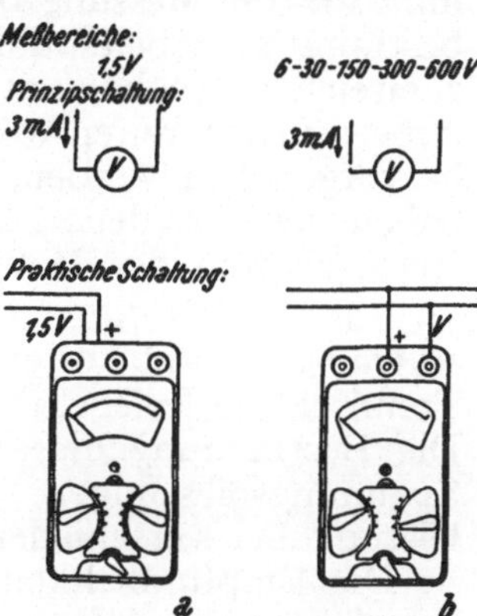

Abb. 78. Grundsätzliche Schaltungen zur Messung von Wechselspannungen.

Sind außer dem Meßgerät noch weitere Einrichtungen, wie schreibende Meßgeräte, der Spannungspfad von Leistungsmessern, Relais oder dergleichen angeschlossen, so ist das der gesamten Bürde entsprechende Übersetzungsverhältnis zu berücksichtigen. Aus Sicherheitsgründen ist eine Klemme der Niederspannungsseite des Spannungswandlers vorschriftsmäßig zu erden.

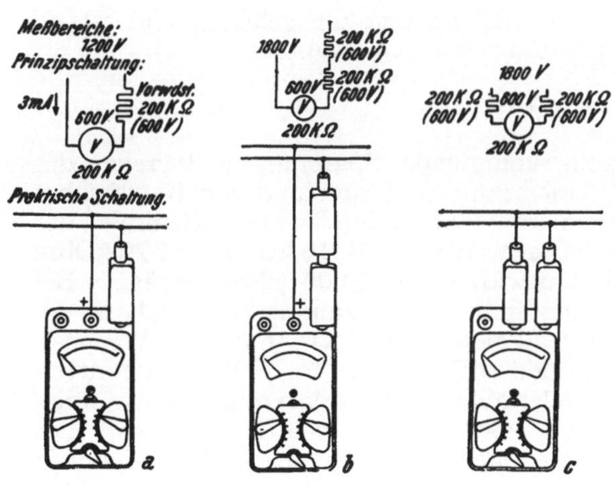

Abb. 79. Messung höherer Wechselspannungen mit Vorwiderständen.

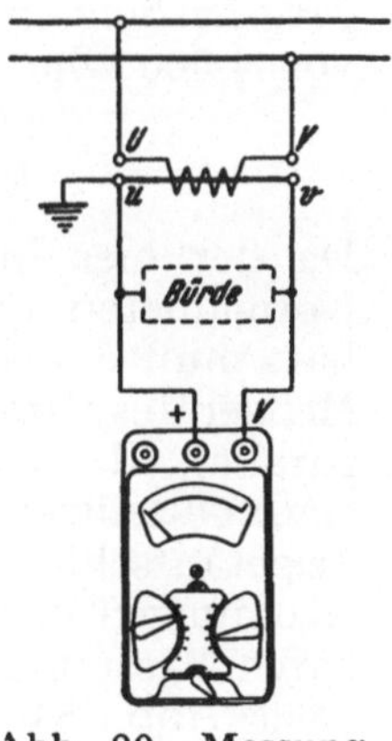

Abb. 80. Messung höherer Wechselspannungen mit Spannungswandler.

b) *Anwendungsbeispiele.*

Während in der Starkstromtechnik die Spannungsmessungen nach den oben angegebenen grundsätzlichen Schaltungen ohne wesentlich neue Gesichtspunkte durchgeführt werden, sind in der Radio- und Verstärkertechnik oft Zusatzschaltungen notwendig, um z. B. die Messung bei der richtigen Anpassung oder bei einem bestimmten Arbeitspunkt usw. durchführen zu können. Von den zahlreichen Möglichkeiten, deren Aufzählung den Rahmen dieser Arbeit überschreiten würde, sollen nur einige Anwendungsbeispiele hervorgehoben werden, die einen gewissen allgemeinen Charakter haben, und bei denen die Berücksichtigung der charakteristischen Eigenschaften des Meßgerätes von einiger Bedeutung ist.

Für die *Prüfung und* die *Beurteilung der Güte eines Radioempfängers* sind unter anderem maßgebend: Empfindlichkeit, Trennschärfe, Spiegelfrequenztrennschärfe, Schwundregelkurve usw. Die Bestimmung dieser Größen geschieht im allgemeinen durch Spannungsmessungen, bezw. durch Ermittlung der Ausgangsleistung bei verschiedenen Eingangsbedingungen.

Die Empfindlichkeit des Empfängers ist durch diejenige, dem Empfänger zugeführte, mit 30% einer tonfrequenten Schwingung von 400 Hz modulierte Hochfrequenzeingangsspannung definiert, bei der am Ausgang bei Trioden an einem Ohmschen Widerstand von 4 000 Ohm, bei Penthoden an einem solchen von 7 500 Ohm, eine Tonfrequenzleistung von 50 mW erhalten wird. Dieser *Ausgangsleistung* entspricht zunächst für den angegebenen Widerstand von 4 000 Ohm eine Spannung, die sich ergibt aus:

$$N = \frac{E^2}{R} \ldots E = \sqrt{N\,R} = \sqrt{0{,}05 \,.\, 4\,000} = 14{,}1_4 \text{ V}.$$

Da der hier in Betracht kommende Spannungsmeßbereich des Normameters von 30 V einen inneren Widerstand von 10 000 Ohm hat, muß ein Widerstand von 6 667 Ohm zu den Klemmen des Meßgerätes parallel geschaltet werden (z. B. 10 kOhm und 20 kOhm parallel), damit der Gesamtwiderstand 4 000 Ohm beträgt. Bei einer 60-teiligen Skala entspricht der Spannung von $14{,}1_4$ V ein Zeigerausschlag von $28{,}_3$ Skalenteilen. Da nur die Wechselspannungen gemessen werden sollen, ist es im Fall der unmittelbaren Messung an der Anodenseite der Endröhren noch notwendig, nach Abb. 81 einen Kondensator vorzuschalten. Damit der Scheinwiderstand Z_1 der Meßanordnung, der durch die Gleichung:

$Z_1 = \sqrt{R^2 + \left(\frac{1}{\omega\, C}\right)^2}$ gegeben ist, nicht mehr als etwa 1% den Wert 4 000 Ohm übersteigen kann, soll, wie man sich leicht überzeugen kann, die Kapazität des Kondensators bei 400 Hz ($\omega = 2500$) nicht weniger als etwa 0,7 μF betragen. Um dem Wechselstrom den Weg über die Anodenbatterie zur Kathode zu sperren, ist die

Einschaltung einer Drossel notwendig, deren Scheinwiderstand Z_2 bei der Meßfrequenz von 400 Hz sich aus:

$$\frac{1}{Z_2} = \sqrt{\left(\frac{1}{R}\right)^2 + \left(\frac{1}{\omega L}\right)^2}$$

errechnet, wenn der Gesamtscheinwiderstand Z_2 wieder um nicht mehr als etwa 1% kleiner als 4 000 Ohm sein soll. Wenn der notwendigerweise klein zu haltende Ohmsche Widerstand der Drossel vernachlässigt werden kann, errechnet sich die Mindestinduktivität mit etwa 11 H. Meist wird in diesem Fall der Ausgangstransformator im Leerlauf als Drossel benützt und die Messung bei abgeschaltetem Lautsprecher durchgeführt.

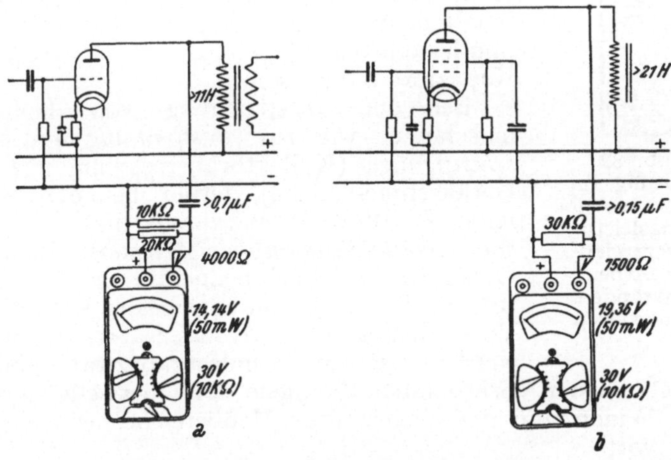

Abb. 81. Ausgangsleistungsmessung.

Bei Penthoden, bei denen unter den gleichen Bedingungen die Ausgangsleistung von 50 mW, wie erwähnt bei einem Widerstand von 7 500 Ohm erhalten werden soll, ist: $E = 19{,}3$ V. Der Parallelwiderstand zum Meßbereich 30 V des Normameters ergibt sich mit 30 kOhm, die Mindestkapazität des Vorkondensators mit etwa 0,15 μF und die Mindestinduktivität mit etwa 21 H, wenn der Fehler in jedem Fall nur etwa 1% betragen soll. Wenn die Induktivität des Transformators in diesem Fall nicht ausreicht, dann muß man an Stelle des Transformators eine Drossel einschalten, deren Induktivität den angegebenen Betrag nicht unterschreiten soll.

Nebenbei erwähnt, liegt die beschriebene Schaltung zur Messung der Ausgangsleistung den „Outputmetern" zugrunde, die bei jedem Spannungsmeßbereich den gleichen Widerstand haben.

Zur Messung der an Endröhren auftretenden Wechselspannung, bezw. der abgegebenen Wechselstromleistung ist vor allem bei

Anpassungsbestimmungen, eine Modifikation der angegebenen Outputmeterschaltung gebräuchlich, die nach Abb. 82 darin besteht, daß dem Meßgerät außer einem Kondensator *C* ein geeichter Regelwiderstand *R* vorgeschaltet wird. Dieser Widerstand wird unter Beachtung des inneren Widerstandes des Meßgerätes, der bei dem kleinsten Strommeßbereich oder auch bei allen übrigen Spannungsmeßbereichen verwendet werden kann, auf den Wert eingestellt, der dem richtigen Arbeitswiderstand der Röhre entspricht. Bei annähernd erdsymmetrischen Schaltungen empfiehlt es sich unter Umständen je einen Kondensator in die beiden Zuleitungen einzuschalten, von denen jeder selbstverständlich mindestens den doppelten Wert der errechneten Kapazität haben soll.

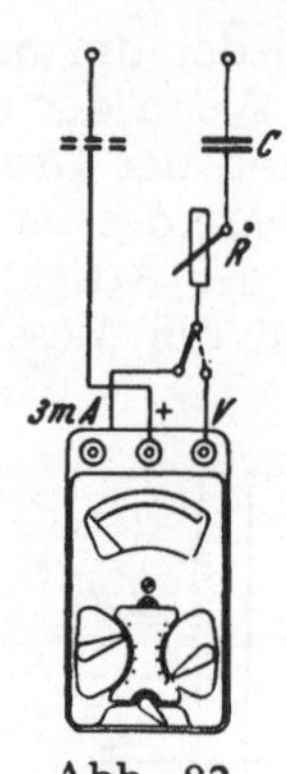

Abb. 82. Schaltung zur Bestimmung der Ausgangsleistung bei veränderlichen Arbeitswiderständen an Endröhren.

Bei der Untersuchung von Kollektormaschinen, wie zur *Bestimmung der Nutenschwingungen* (Kollektoroberschwingungen oder Geräuschmessungen), ferner bei der *Bestimmung des Wechselspannungsanteiles bei Röhren- oder Quecksilberdampfgleichrichtern*, kann das Gleichrichtervielfachmeßgerät in der Schaltung als Wechselspannungsmesser einfach unter Vorschaltung eines Kondensators verwendet werden, dessen Mindestkapazität ebenfalls entsprechend der vorliegenden Frequenz der Oberwelle und dem inneren Widerstand des eingestellten Meßbereiches wie oben berechnet wird.

B. Vergleich von Wechselspannungen.

a) *Grundsätzliche Schaltung.*

Die häufig angewendete *Drei-Voltmeter-Methode* zur Bestimmung von Leistung und Leistungsfaktor beruht im wesentlichen auf dem Vergleich von Spannungen, bezw. Spannungsabfällen, an einem Ohmschen Widerstand *R* und an einem in Serie geschalteten Verbraucher *Z*, dessen Leistungsgrößen bestimmt werden sollen.

b) *Anwendungsbeispiele.*

Die prinzipielle Schaltung zur *Bestimmung der Leistung und des Leistungsfaktors* nach der Drei-Voltmeter-Methode zeigt Abb. 83 a. Um eine möglichst hohe Meßgenauigkeit zu gewährleisten, soll wieder wie bei der Drei-Amperemeter-Methode (nach Abb. 76) der Widerstand *R* annähernd in der gleichen Größenordnung wie der Scheinwiderstand *Z* sein. Es werden die Spannungsabfälle E_1 und E_2, die ein Strom *J* in *R*, bezw. *Z*, verursacht, und schließlich die Eingangsspannung *U* gemessen.

Abb. 83 b zeigt das Normameter in der praktischen Schaltung. Zunächst wird der Spannungsabfall an dem Ohmschen Widerstand R gemessen, der vor allem bei höheren Tonfrequenzen möglichst kapazitäts- und induktivitätsarm sein soll, und der Strom J errechnet aus: $J = E_1/R$. Wie das Vektordiagramm (Abb. 83 c) zeigt, sind E_1 und J in Phase. Dann wird E_2 und U gemessen. Die Spannungsabfälle E_1 und E_2 geben vektoriell addiert die Eingangsspannung U. Die senkrechte Komponente des Stromes J auf E_2 gibt die Wirkleistung. Dies gilt streng genommen nur, wenn der Stromverbrauch des Meßgerätes gegen den Strom J vernachlässigt werden kann, also wenn der innere Widerstand des Meßgerätes sehr hoch im Vergleich zu R, bezw. Z ist.

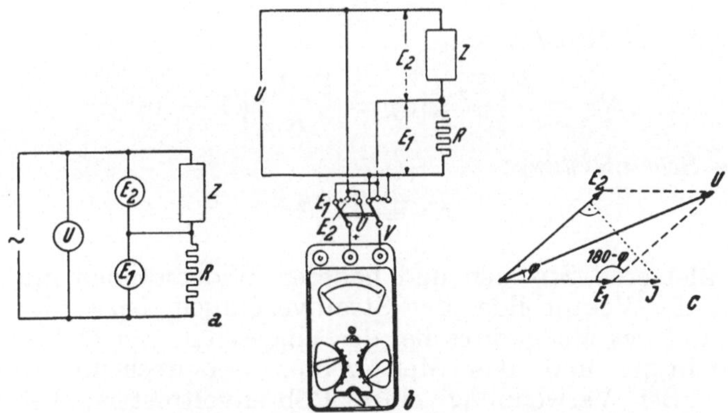

Abb. 83. Drei-Voltmeter-Methode zur Bestimmung von Leistung und Leistungsfaktor.

Die Drei-Voltmeter-Methode ist also in erster Linie zur Bestimmung der Leistungsgrößen bei kleineren Spannungen und kleineren Widerständen geeignet.

Aus dem Vektorbild ergibt sich nach dem Kosinussatz:

$$U^2 = E_1^2 + E_2^2 - 2\,E_1\,E_2 \cos(180 - \varphi),$$
$$2\,E_1\,E_2 \cos\varphi = U^2 - E_1^2 - E_2^2$$

der *Leistungsfaktor*:

$$\cos\varphi = \frac{U^2 - E_1^2 - E_2^2}{2\,E_1\,E_2}$$

bezw. durch Einsetzen von: $E_1 = J\,R$,

$$2\,J\,R\,E_2 \cos\varphi = U^2 - E_1^2 - E_2^2,$$

die *Wirkleistung*:

$$N_W = E_2\,J\cos\varphi = \frac{U^2 - E_1^2 - E_2^2}{2\,R}$$

Im weiteren ergeben sich zunächst aus folgenden Gleichungen die beiden Komponenten des Scheinwiderstandes:
der *Wirkwiderstand*:

$$R_Z = \frac{E_2}{E_1} R \cos \varphi,$$

der *Blindwiderstand*:

$$X_Z = \frac{E_2}{E_1} R \sin \varphi = \frac{E_2}{E_1} R \sqrt{1 - \cos^2 \varphi}$$

und der *Scheinwiderstand* des Verbrauchers:

$$Z = \frac{E_2}{E_1} R,$$

schließlich die *Blindleistung*:

$$N_B = \frac{E_1 E_2}{R} \sin \varphi = \frac{E_1 E_2}{R} \sqrt{1 - \cos^2 \varphi}$$

und die *Scheinleistung*:

$$N_S = \frac{E_1 E_2}{R}.$$

Bei kleineren Strömen und höheren Widerständen muß beim Entwurf des Vektorbildes der Stromverbrauch, bezw. der innere Widerstand des Meßgerätes bei den eingeschalteten Meßbereichen berücksichtigt, und das Meßergebnis entsprechend korrigiert werden. Bei Verwendung eines Röhrenvoltmeters, bei denen das Normameter als Anzeigegerät dienen kann, kommen natürlich diese Korrekturen in Wegfall. Durch die Verwendung eines solchen Meßgerätes wird die Drei-Voltmeter-Methode erst universell verwendbar und beschränkt sich nicht mehr im wesentlichen auf kleine Widerstände und niedrige Spannungen.

Die Drei-Voltmeter-Methode kann mit Vorzug auch dort angewendet werden, wo die Strom- und Spannungsmessung auf Grund vorgeschriebener Betriebsbedingungen nicht ohne weiteres durchgeführt werden kann. Als Beispiele sollen hier die Messung der Kapazität und des Verlustwinkels von Elektrolytkondensatoren unter Gleichstromvorspannung und die Messung der Induktivität und des Ohmschen Widerstandes von Spulen unter Gleichstromvorbelastung angeführt werden.

Bei der *Messung der Kapazität und des Verlustwinkels eines Elektrolytkondensators* wird nach Abb. 84 eine Gleich- und eine Wechselspannungsquelle hintereinander geschaltet. Die Messung des Kondensators, dem ein konstanter Widerstand bekannter Größe vorgeschaltet wird, erfolgt also wie im Betrieb unter Gleichstromvorspannung. Dem als Wechselspannungsmesser geschalteten Meßgerät wird zur Sperrung des Gleichstromes ein Kondensator vorgeschaltet, dessen Mindestkapazität sich wie oben berechnet.

Aus den Formeln für R_Z und X_Z ergibt sich:

die Kapazität des Elektrolytkondensators:

$$C = \frac{1}{\omega X_z}$$

und der Verlustwinkel:

$$\operatorname{tg} \delta = R_z \omega C = \frac{R_z}{X_z}.$$

In analoger Weise erfolgt die *Messung der Induktivität* $L_Z = X_Z/\omega$ *und des Ohmschen Widerstandes* R_Z *von Spulen unter Gleichstromvorbelastung* nach Abb. 85.

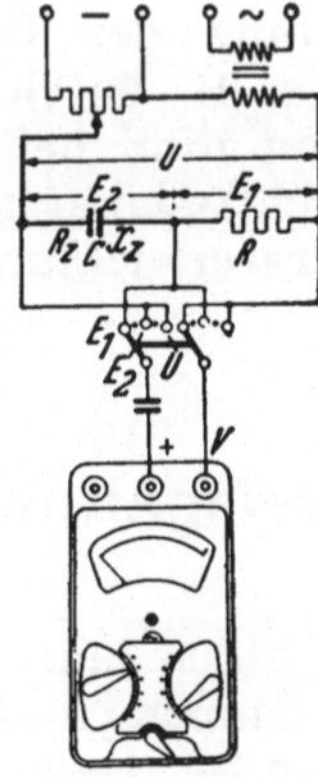

Abb. 84. Drei-Voltmeter-Methode zur Bestimmung der Kapazität und des Verlustwinkels von Elektrolytkondensatoren unter Gleichstromvorspannung.

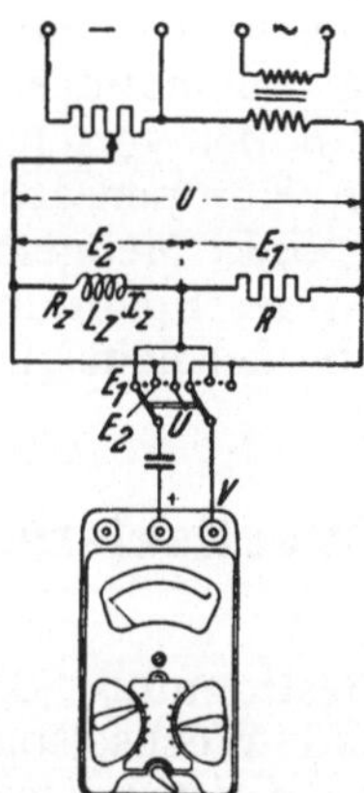

Abb. 85. Drei-Voltmeter-Methode zur Bestimmung der Selbstinduktivität und des Ohmschen Widerstandes von Spulen unter Gleichstromvorbelastung.

2. Bestimmung physikalischer Größen.

a) Die Bestimmung der Abhängigkeit der Lautstärke eines Lautsprechers von der angelegten Spannung bei verschiedenen Frequenzen.

Unmittelbar auf die Membran des zu prüfenden Lautsprechers wird ein kleiner Spiegel aufgesetzt und, mit einer entsprechenden Beleuchtungs- und Ableseeinrichtung, die durch die Lautsprecherbewegung hervorgerufene Ablenkung eines Lichtstrahles beobachtet. Die Empfindlichkeit der Anordnung kann noch erhöht werden, wenn die Verdrehung des Spiegels durch einen Bändchenmechanismus vergrößert wird. Die Länge des Lichtstrahles an der Projektionswand gibt ein Maß für die Lautstärke.

Wird nach Schaltung (Abb. 81) bei verschiedenen Frequenzen eine bestimmte Ausgangsspannung des Verstärkers eingestellt, so kann bei angeschlossenem Lautsprecher, bei gleichzeitiger Messung der Länge des Lichtstriches an der Projektionswand, der Frequenzgang des Lautsprechers bestimmt werden.

b) Bestimmung der Drehzahl.

In der Praxis verwendet man in erster Linie zur Fernmessung der Drehzahl von größeren Maschinen, wie Dieselmotoren usw., unter anderen neben Tachometern, Zungenfrequenzmessern oder dergleichen, auch kleine, mit der Maschine mechanisch gekuppelte Sternmagnetgeneratoren, die gewöhnlich mit einem Wechselstromanzeigegerät, z. B. einem Trockengleichrichtermeßgerät, zusammengeeicht werden. Spannung und Drehzahl stehen in linearer Beziehung zueinander. Wird die Spannung des Generators im Leerlauf bei verschiedenen Drehzahlen, z. B. durch Messung mit einem Kompensator aufgenommen, dann muß bei der Einschaltung eines Meßgerätes mit nicht vernachlässigbarem Stromverbrauch, der Spannungsabfall in der Generatorwicklung bei der Messung berücksichtigt werden.

VI. Wechselstrom- und Wechselspannungsmessungen.

Als Bestimmung dritter elektrischer Größen aus Wechselstrom- und Wechselspannungsmessungen kommen in Betracht: Leistungs-, Leistungsfaktor-, Scheinwiderstands-, bezw. Kapazitäts- und Verlustwinkel-, Induktivitäts-, ferner Frequenzmessungen usw., und als Bestimmung physikalischer Größen: Wirkungsgradbestimmung an elektrischen Maschinen usw..

1. Bestimmung elektrischer Größen.

A. Leistungsmessungen.

a) Grundsätzliche Schaltungen.

Die Schaltungen zur Messung der Scheinleistung bei Wechselstrom sind in Abb. 86 a ... e wiedergegeben. In der Schaltung a wird die *Messung unter Verwendung der im Normameter eingebauten Meßbereiche* bei Strömen bis 6 A und bei Spannungen bis 600 V, bezw. bei höheren Spannungen mit separatem Vorwiderstand (Ansteckvorwiderstand) durchgeführt. Bei Verwendung des kleinen, an Buchsen herausgeführten Meßbereiches muß nach Schaltung b ein besonderer doppelpoliger Schalter vorgesehen werden. In der Schaltung c können Strommessungen *mit Nebenwiderständen* mit einem Spannungsabfall von 750 mV durchgeführt werden, wenn der Wechselstrommeßbereich 0,3 A am Normameter eingestellt wird. Der Nebenwiderstand muß, wie dies auch bei den reinen Wechselstrommessungen erwähnt wurde, bei Messungen im Tonfrequenzgebiet kapazitäts- und induktivitätsarm ausgeführt sein. Der in Abb. 73 d gezeigte *Ansteckwandler*, z. B. für 30 A, ist bei der Durchführung von Strom- und Spannungs-

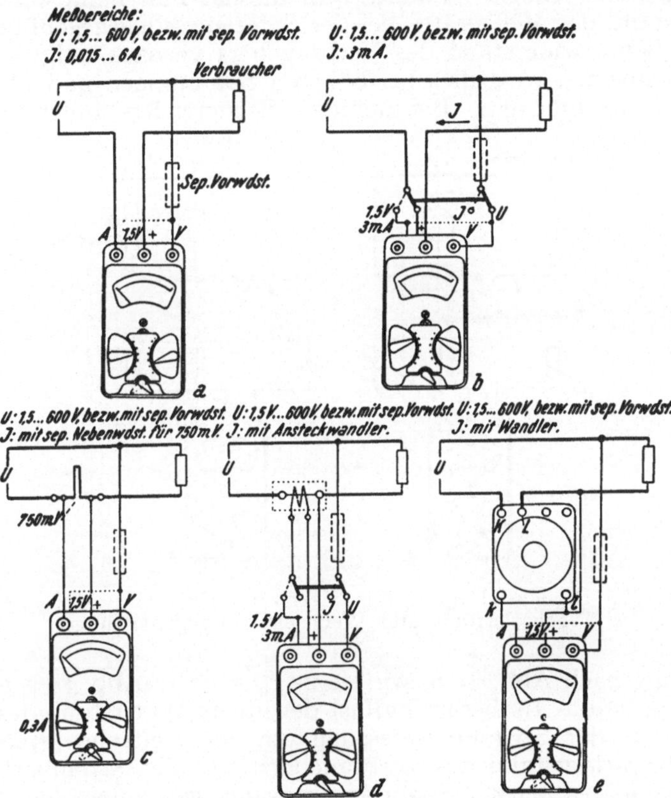

Abb. 86. Scheinleistungs- und Scheinwiderstandsmessung bei Wechselstrom.

messungen nur verwendbar, wenn der Wandler mit Zuleitung an das Normameter angeschlossen und ein doppelpoliger Umschalter wie in der Schaltung b verwendet wird. Bei der *Messung* höherer Ströme mit *Wandlern* wird die Schaltung e angewendet.

Während bei Gleichstrom- und Gleichspannungsmessungen nach Abb. 54 a der innere Widerstand des Meßgerätes bei dem gewählten Strommeßbereich immer berücksichtigt werden kann, ist dies bei Wechselstrommessungen nur bei reinen Ohmschen Widerständen des Verbrauchers möglich. Bei kapazitiven oder induktiven

Scheinwiderständen müßte vom gemessenen Scheinwiderstandswert der innere Widerstand des Meßgerätes vektoriell subtrahiert werden, um den Scheinwiderstand des Verbrauchers zu erhalten. Wie Abb. 87 zeigt, ist es jedoch in den meisten Fällen möglich, die Schaltung so zu wählen, daß der Eigenverbrauch des Meßgerätes vernachlässigt werden kann. Bei höheren Scheinwiderständen wird die Schaltung a gewählt. In diesem Fall kann der innere Widerstand des Meßgerätes bei der Strommessung gegenüber dem hohen Scheinwiderstand des Verbrauchers vernachlässigt werden. Im allgemeinen wird dies bei höheren Spannungen und kleineren Strömen der Fall sein. Bei kleineren Scheinwiderständen wird die

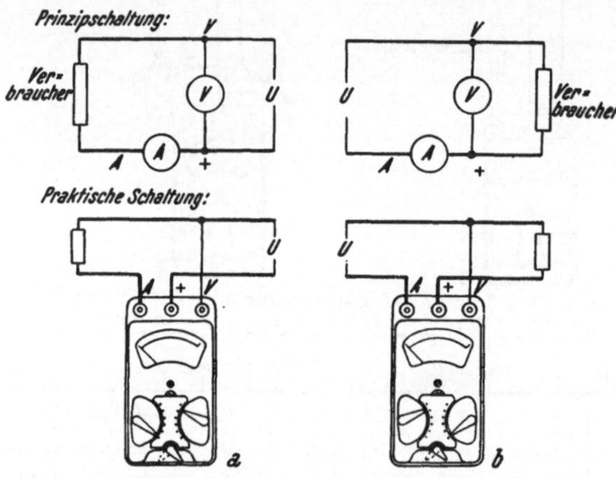

Abb. 87. Berücksichtigung des Eigenverbrauches des Meßgerätes bei Wechselstrom- und Wechselspannungsmessungen.

Schaltung nach Abb. 87 b, wie sie z. B. auch in Abb. 86 a gezeigt wurde, gewählt. In diesem Fall ist der innere Widerstand des Meßgerätes bei der Spannungsmessung um ein Vielfaches größer als der Scheinwiderstand des Verbrauchers, also der Stromverbrauch des Meßgerätes bei der Spannungsmessung gegenüber dem Strom im Verbraucher zu vernachlässigen. Dies wird im allgemeinen bei größeren Strömen und kleineren Spannungen der Fall sein können. Wie bei der Leistungsmessung bei Gleichstrom kann auch in analoger Weise die Abb. 55 zur graphischen Bestimmung der Scheinleistung bei Wechselstrom verwendet werden.

Die Bestimmung der Wirkleistung, des Leistungsfaktors und der Blindleistung kann mit dem Trockengleichrichtermeßgerät erfolgen, wenn wie bereits beschrieben, die Drei-Amperemeter- oder die Drei-Voltmeter-Methode angewendet wird. Für manche Fälle in der Praxis kann es von Vorteil sein, die *Drei-Amperemeter-Methode* anstatt mit einem Ohmschen Widerstand *mit einem Kondensator* durchzuführen, wie dies im Prinzipschema und in der praktischen Schaltung Abb. 88 a und b angedeutet ist. Mit Ausnahme von Elektrolytkondensatoren, die einen verhältnismäßig großen Verlustwinkel besitzen, sind bei Netzfrequenz auch Papierkondensatoren dafür geeignet. Die Frequenzabhängigkeit des Meßergebnisses, die durch die Frequenzabhängigkeit des Stromes durch den Kondensator bedingt ist, kann durch eine zusätzliche Messung der Spannung eliminiert werden. Im folgenden soll dies näher erläutert werden.

Zunächst wird die Spannung U und der Strom i_1 durch den Kondensator gemessen. Wie das Vektordiagramm (Abb. 88 c) zeigt, eilt der Strom i_1 der Spannung U um 90^0 vor. Dann wird der

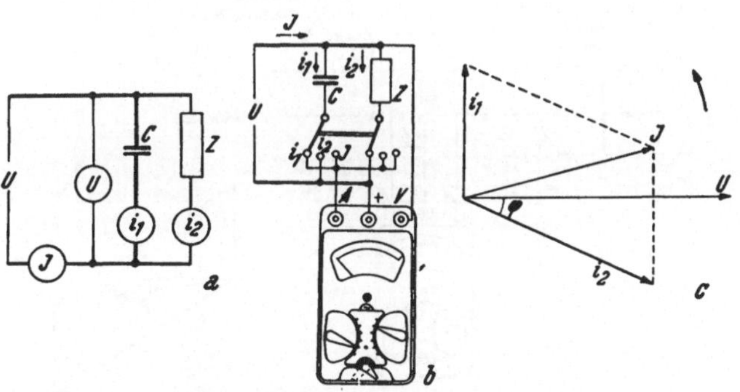

Abb. 88. Modifizierte Drei-Amperemeter-Methode mit Kondensatoren als Vergleichsnormal.

Strom i_2 durch den Verbraucher Z und der Gesamtstrom J bestimmt. Die Ströme i_1 und i_2 ergeben vektoriell addiert den Strom J. Damit ist die Lage von i_2, bezw. der Winkel φ zwischen i_2 und U bestimmt. Die senkrechte Komponente von i_2 auf U gibt die Wirkleistung. Diese Methode wird, ebenso wie die mit einem Vergleichswiderstand arbeitende Drei-Amperemeter-Methode, bei höheren Spannungen und höheren Widerständen verwendet.

Aus dem Vektordiagramm ergibt sich nach dem Kosinussatz:

$$J^2 = i_1{}^2 + i_2{}^2 - 2\, i_1\, i_2 \cos (90 - \varphi),$$

$$\sin \varphi = \frac{i_1{}^2 + i_2{}^2 - J^2}{2\, i_1\, i_2}$$

der Leistungsfaktor:

$$\cos \varphi = \sqrt{1 - \left(\frac{i_1{}^2 + i_2{}^2 - J^2}{2\, i_1\, i_2}\right)^2}$$

und die Wirkleistung:

$$N_W = U\, i_2 \cos \varphi.$$

b) Anwendungsbeispiele.

Einige Beispiele aus der Praxis sollen die Verwendbarkeit der Drei-Amperemeter-Methode mit Kondensator beweisen.

Zur *Bestimmung der Leistungsaufnahme und des Wirkungsgrades eines Kleintransformators,* an dessen Sekundärwicklung ein Ohmscher Widerstand angeschlossen ist, wurde in der obigen Schaltung ein Kondensator mit einer Kapazität von etwa 0,5 μF verwendet. Die gemessenen Werte an der Primärseite des Transformators waren bei einer Netzfrequenz von etwa 50 Hz: $U = 252$ V, $i_1 = 39{,}6$ mA, $i_2 = 12{,}7$ mA und $J = 38{,}5$ mA.

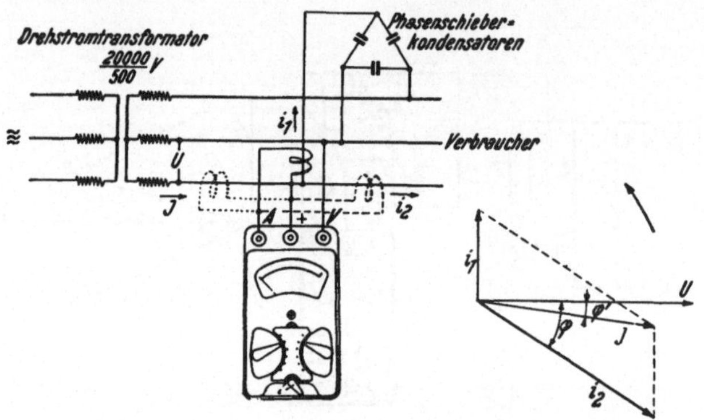

Abb. 89. Leistungsbestimmung in Drehstromanlagen. Drei-Amperemetermethode mit Vergleichskondensator (Phasenschieberkondensator und Zangenanleger).

Die Spannung an der Sekundärseite betrug 6,3 V, der Sekundärstrom 0,3 A. Demnach ergibt sich:

der Leistungsfaktor:

$$\cos\varphi = \sqrt{1 - \left(\frac{39{,}6^2 + 12{,}7^2 - 38{,}5^2}{2 \cdot 39{,}6 \cdot 12{,}7}\right)^2} = 0{,}965 \text{ induktiv,}$$

und die aufgenommene Wirkleistung:

$$N_1 = 252 \cdot 12{,}7 \cdot 10^{-3} \cdot 0{,}965 = 3{,}09 \text{ Watt.}$$

Da sich die abgegebene Leistung errechnet aus:

$$N_2 = 6{,}3 \cdot 0{,}3 = 1{,}89 \text{ Watt,}$$

ergibt sich der Wirkungsgrad:

$$\eta = \frac{1{,}89}{3{,}09}\, 100 = 61\%.$$

Das zweite Beispiel soll die Anwendung dieser Drei-Amperemeter-Methode in einer 500 V-Drehstromanlage mit Phasenschieberkondensatoren (Nennleistung etwa 87 kVA) zeigen, die als Vergleichskondensatoren nach Abb. 89 verwendet werden können. Zur Strommessung wurde ein Zangen-Anleger in Verbindung mit einem Normameter verwendet. Aus den gemessenen Werten: $U = 500$ V, $i_1 = 100$ A, $i_2 = 150$ A und $J = 80$ A, ergibt sich der Leistungsfaktor der angeschlossenen Verbraucher:

$$\cos\varphi = \sqrt{1 - \left(\frac{100^2 + 150^2 - 80^2}{2.100.150}\right)^2} = 0{,}46 \text{ induktiv}$$

und der der gesamten Belastung des Transformators entsprechende Leistungsfaktor:

$$\cos\varphi' = \sqrt{1 - \left(\frac{80^2 + 100^2 - 150^2}{2.80.100}\right)^2} = 0{,}92 \text{ induktiv.}$$

Die vom Transformator abgegebene Leistung ergibt sich aus:

$$N' = \sqrt{3}\, U\, J \cos\varphi' = \sqrt{3} \,.\, 500 \,.\, 80 \,.\, 0{,}92_5 = 64 \text{ kW.}$$

Im Zusammenhang mit den Leistungsmessungen sollen hier die *Meßverfahren zur Bestimmung des Arbeitspunktes, der Eisenverluste, des Übersetzungsverhältnisses, der Kopplung usw. von kleineren Netztransformatoren* erwähnt werden.

Nach dem Anlegen einer kleinen Wechselspannung an irgend eine Wicklung des Transformators, kann zunächst, durch Spannungsmessung an den anderen Wicklungen meist leicht die Primärwicklung gefunden werden. An diese so festgestellte Primärwicklung des Transformators, dessen charakteristische Daten ermittelt werden sollen, wird nun nach Abb. 90 bei verschiedenen Eingangsspannungen U der Leerlaufstrom J gemessen. Es wird dabei, wie ersichtlich, die Schaltung nach Abb. 87 a verwendet, damit der Meßstrom des Spannungsmessers die Messung des meist kleinen Leerlaufstromes nicht fälscht. Innere Kurzschlüsse der Wicklungen können dabei leicht festgestellt werden. Wird die Abhängigkeit des Stromes J von der Spannung U in einem Diagramm aufgezeichnet, so kann der Arbeitspunkt nach Abb. 90 b, bezw. die Betriebsspannung des Transformators festgelegt werden. Aus der Messung im Leerlauf können im weiteren sofort die Leerlaufverluste ermittelt werden.

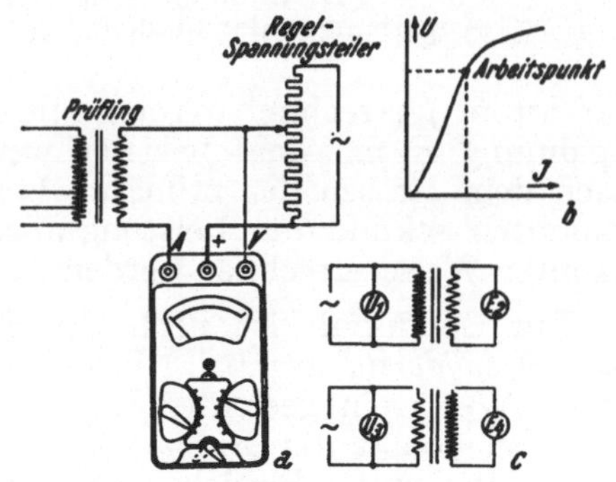

Abb. 90. Messungen an Kleintransformatoren.

Das Übersetzungsverhältnis $ü$ und die Kopplung k wird nach Abb. 90 c durch Anlegen einer Wechselspannung U_1 an die Primärseite und Messung der Sekundärspannung E_2 und nach dem Vertauschen der beiden Wicklungen durch Anlegen einer Spannung U_3, die tunlichst in der Größe von E_2 sein soll, an die Sekundärseite und Messung der Spannung E_4 an der Primärwicklung, aus:

$$ü = \frac{E_2}{U_1} \frac{U_3}{E_4} \text{ bzw. } k = \frac{1}{ü} \frac{E_2}{U_1}$$

bestimmt.

Wird außer der Leerlaufspannung E_0 auch noch der Kurzschlußstrom J_K ermittelt, dann errechnet sich der innere Widerstand des Transformators aus:

$$R_i = \frac{E_0}{E_K}.$$

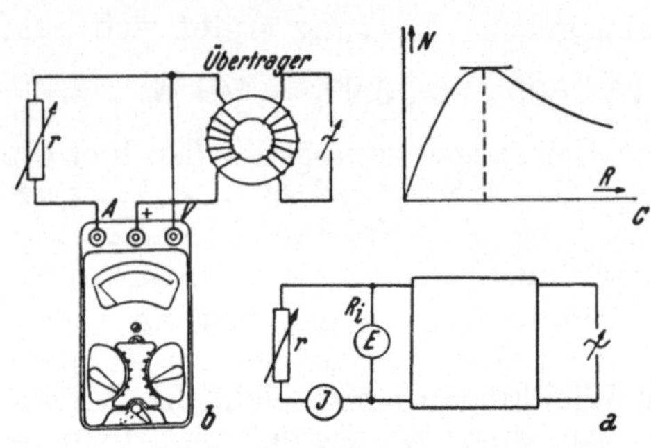

Abb. 91. Bestimmung von Anpassungswiderständen.

Im Wert R_i ist auch der Widerstand der Primärwicklung enthalten. Aus der Differenz der Leerlaufspannung E_0 und der geforderten Betriebsspannung E, bezw. aus dem inneren Widerstand R_i kann unter Benützung der Gleichung:

$$J = \frac{E_0 - E}{R_i},$$

der Strom J errechnet werden, mit dem der Transformator bei der Spannung E maximal belastet werden kann. Schließlich kann nach dem Messen der primären Leistungsaufnahme bei einer bestimmten sekundären Leistungsabgabe der Wirkungsgrad in bekannter Weise errechnet werden.

Ein Sonderfall ist noch die *Bestimmung des richtigen Anpassungswiderstandes* bei Niederfrequenzübertragern, Verstärkern usw. Wenn ein geeichter Regelwiderstand vorhanden ist, dann wird bei konstanter Eingangsleistung die Ausgangsspannung gemessen und unter Berücksichtigung des inneren Widerstandes des Spannungsmessers jener Widerstand als Anpassungswiderstand bestimmt, bei dem die abgegebene Leistung am größten ist. Es kann jedoch nach Abb. 91 a und b mit dem Normameter und einem passenden, ungeeichten Regelwiderstand auch für verschiedene Fälle aus Strom- und Spannungsmessungen die gesamte Ausgangsleistung aus:

$$N = E\,J + \frac{E^2}{R_i}$$

und der Gesamtwiderstand aus:

$$R = \frac{\frac{E}{J} R_i}{\frac{E}{J} + R_i}$$

bestimmt werden, wobei R_i der innere Widerstand des Meßgerätes bei der Spannungsmessung ist. Man trägt in einem Diagramm nach Abb. 91 c die Leistung in Abhängigkeit von R auf und bestimmt als Anpassungswiderstand, wie erwähnt, jenen Wert von R, bei dem die Leistung ein Maximum wird.

B. Widerstandsmessungen.

Die Messung Ohmscher Widerstände kann bei Wechselstrom in den grundsätzlichen Schaltungen nach Abb. 86, bezw. 87 erfolgen, wobei wie bei den Widerstandsmessungen bei Gleichstrom der innere Widerstand des Meßgerätes zu berücksichtigen ist. Praktische Anwendungsbeispiele sind: *Messungen an Glühlampen, Messungen des Widerstandes von Heizfäden bei Verstärkerröhren, Erd- und Blitzableiter-Widerstandsmessungen usw.*

Die *Bestimmung des Scheinwiderstandes* durch Wechselstrom- und Wechselspannungsmessungen kann ebenfalls in den obigen Schaltungen erfolgen, doch nur dann, wenn der innere Widerstand des Meßgerätes vernachlässigt werden kann, weil sich die Phasenlage der Ströme durch den Scheinwiderstand und durch den inneren Widerstand des Meßgerätes durch diese einfachen Messungen nicht definieren läßt. Wirk-, Blind- und Scheinwiderstand lassen sich jedoch, wie dies bereits im Kapitel über die Wechselspannungsmessungen gezeigt wurde, durch die Drei-Voltmeter-Methode bestimmen.

C. Kapazitätsmessungen.

a) Grundsätzliche Schaltungen.

Die Bestimmung der Kapazität eines Kondensators kann durch Wechselstrom- und Spannungsmessungen in den Schaltungen Abb. 92 a und b durchgeführt werden. Aus den gemessenen Werten für den Strom J und für die Spannung U ergibt sich die Kapazität des Prüflings, unter der Annahme, daß die Frequenz ω $(= 2\pi f)$ bekannt ist, aus:

$$C_x = \frac{J}{U\,\omega}.$$

Bei der Schaltung a soll der innere Widerstand des Strommessers klein gegen den Scheinwiderstand des Kondensators sein. Diese Schaltung eignet sich also in erster Linie für die *Messung* relativ *kleiner Kapazitätswerte.* Um genügend große und gut ablesbare Zeigerausschläge am Strommesser zu erhalten, ist meist auch eine höhere Spannung notwendig. Für die Strommessung kann auch der kleinste Strommeßbereich 3 mA des Normameters verwendet werden, doch muß dann, wie in Abb. 86 b gezeigt wurde, ein zusätzlicher doppelpoliger Umschalter vorgesehen werden.

Bei der Schaltung nach Abb. 92 b soll dagegen der Stromverbrauch des Spannungsmessers gegen den Strom durch den Kondensator vernachlässigbar klein sein. Die Schaltung eignet sich daher besser für die *Messung* relativ *großer Kapazitäten*. Die Schaltung wird bei niedrigen Spannungen, daher besonders auch bei der Messung der Kapazität von *Elektrolytkondensatoren* angewendet. Als Spannungsmeßbereich kann auch der an Buchsen herausgeführte Bereich 1,5 V verwendet werden. Ein zusätzlicher Schalter ist in diesem Fall nicht notwendig. Um die Prüfung von Elektrolytkondensatoren bei den Betriebsverhältnissen durchzuführen, wird man allerdings in den meisten Fällen die Schaltung zur Messung der Kapazität und des Verlustwinkels unter Gleichstromvorspannung nach Abb. 84 vorziehen.

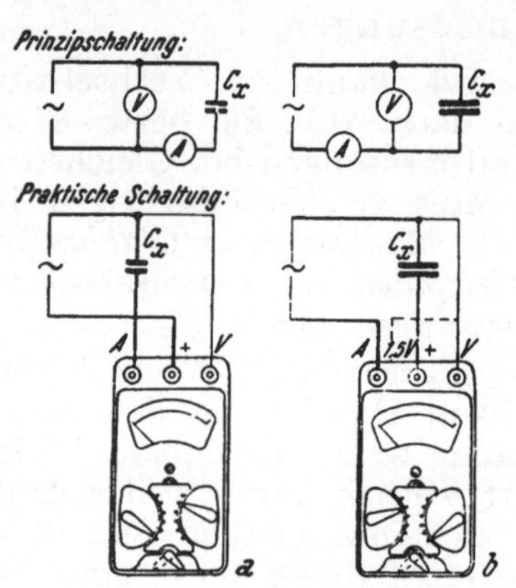

Abb. 92. Grundsätzliche Schaltungen zur Kapazitätsmessung.

Die Meßgenauigkeit der obigen Methode ist bestimmt durch die Genauigkeit, mit der die Frequenz bekannt ist. Bei synchronisierten Netzen sind die Schwankungen so gering, daß mit 50 Hz, bezw. mit $\omega = 314$ gerechnet werden kann. Wird bei den Messungen als Spannungsquelle ein in Frequenzen nicht sehr genau geeichter Röhrengenerator benützt und die Messung bei tonfrequentem Wechselstrom durchgeführt, dann empfiehlt es sich, mit Hilfe eines Kondensators, dessen Wert auf andere Weise genau bestimmt wurde, in umgekehrter Weise und wie im folgenden Kapitel noch beschrieben werden wird, aus dem Kapazitätswert, bezw. aus den Strom- und Spannungsmessungen, die Frequenz zu ermitteln. In diesem praktischen Fall ist es allerdings notwendig, die Konstanz der Frequenz von Zeit zu Zeit nachzuprüfen.

Die Berechnung der Kapazität kann vereinfacht werden, wenn zunächst aus den Meßergebnissen für Spannung und Strom der Blindwiderstand:

$$\frac{1}{\omega C_x} = \frac{U}{J},$$

aus Abb. 60 graphisch ermittelt wird. Für eine bestimmte Frequenz kann dieses Diagramm auch so gezeichnet werden, daß man unmittelbar die Kapazität entnehmen kann, so daß auch die Berechnung der Kapazität aus dem Blindwiderstand entfallen kann.

Eine andere Möglichkeit ist die Verwendung von Hilfs- oder Anlegeskalen, wie sie in ähnlicher Weise bei der Temperaturmessung mit Thermoelementen in Abb. 53 und bei der Erwärmungsmessung in Abb. 68 gezeigt wurden. Die Skalen können mit Hilfe von Normalkondensatoren empirisch geeicht oder aus den Stromwerten Punkt für Punkt berechnet werden.

Für die Bestimmung der Kapazität einer größeren Anzahl von Kondensatoren annähernd gleicher Größe, z. B. bei ihrer Herstellung oder bei der Überprüfung, ist dieses Verfahren zu um-

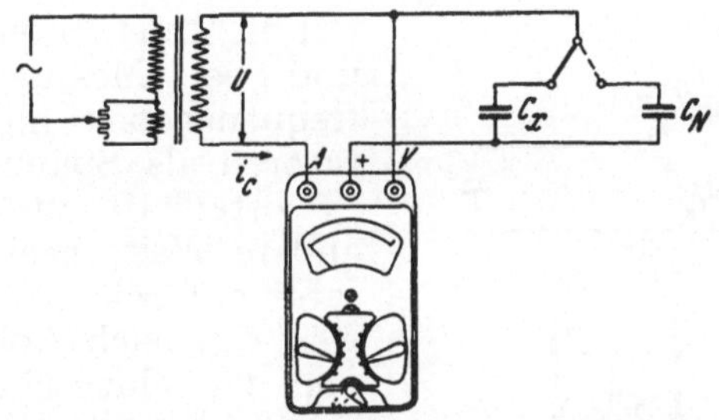

Abb. 93. Kapazitätsmessung bei Einstellung einer bestimmten Spannung und unmittelbarer Ablesung des Kapazitätswertes an der Wechselstromskala.

ständlich. Durch entsprechende Wahl einer bestimmten Meßspannung ist es, wie im folgenden gezeigt wird, jedoch möglich, die *unmittelbare Ablesung des Kapazitätswertes an der Wechselstromskala* vorzunehmen. Regelt man bei einer Frequenz von 50 Hz mit Hilfe eines Regeltransformators, eines Spannungsteilers oder z. B. in einer Schaltung nach Abb. 93, eine Spannung U ein, deren Wert ein dekadisches Vielfaches von $10/\pi = 3{,}18_3$ ist $\left(U = 10^k \frac{10}{\pi}\right)$, dann ergibt sich aus:

$$C_x = \frac{i_c}{U\omega} = \frac{i_c}{10^k \frac{10}{\pi} 2\pi 50} = 10^{-(k+3)} \cdot i_c$$

Man erhält also aus dem Stromwert durch Multiplikation mit einer Zehnerpotenz unmittelbar die Kapazität.

Damit sich bei dieser Bestimmung der Kapazität auch noch die Multiplikation des abgelesenen Zeigerausschlages mit der Skalenkonstante für den gewählten Strommeßbereich erübrigt und unmittelbar aus dem Zeigerausschlag die Kapazität an der Skala abgelesen werden kann, wird zweckmäßig eine Spannung gewählt, die ein Vielfaches des Produktes der Skalenkonstante und des Wertes $10/\pi$ beträgt. So ergibt sich z. B. bei dem Strommeßbereich 60 mA, bei einer Spannung $U = 2 . 10/\pi = 6{,}36_6$ V und bei einer Meßfrequenz von 50 Hz, ein Kapazitätsmeßbereich: 0 ... 30 μF. Bei sonst gleichen Verhältnissen und einer Spannung von 0,636 V, erhält man einen Meßbereich: 0 ... 300 μ F. Kleinere Meßbereiche erhält man bei den kleinen Strommeßbereichen und entsprechend erhöhter Spannung. Bei der Verwendung des kleinen, an Buchsen herausgeführten Strommeßbereiches muß, wie oben bereits erwähnt, ein doppelpoliger Umschalter entsprechend der in Abb. 86 b gezeigten Schaltung vorgesehen werden.

Die Genauigkeit der Kapazitätsmessung hängt in erster Linie von der genauen Einhaltung des Sollwertes der Frequenz ab. Bei nicht synchronisierten Netzen und bei Messungen im Tonfrequenzgebiet mit Röhrengeneratoren als Spannungsquelle, ist es vorteilhaft, zunächst einen auf andere Weise geeichten Kondensator mit bekanntem Kapazitätswert C_X, nach Abb. 93 an Stelle von C_X einzuschalten und die Spannung so einzuregeln, daß sich der genaue Wert dieser Kapazität bei der Strommessung ergibt. Diese Einstellung der Spannung soll dann bei der Messung einer größeren Serie von Kondensatoren von Zeit zu Zeit überprüft werden. Bei der Durchführung dieses Verfahrens wird also durch den Vergleich mit einem Normalkondensator der Frequenzfehler durch einen künstlichen Spannungsfehler mit entgegengesetzten Vorzeichen kompensiert. Der Wert der Frequenz braucht in diesem Falle nicht genau bekannt sein.

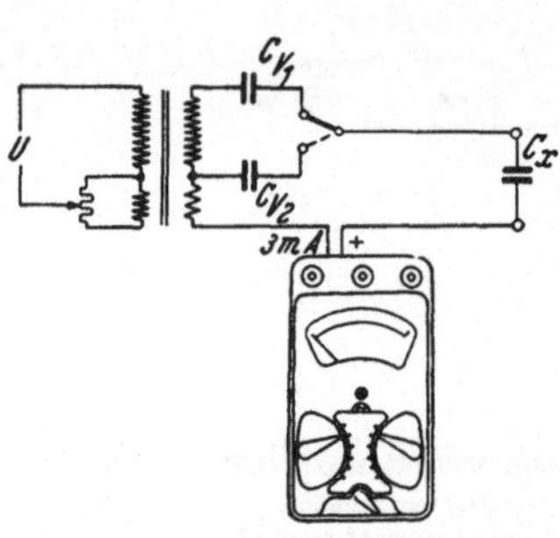

Abb. 94. Kapazitätsmessung mit Schutzkondensator und Hilfsskalen.

Die oben beschriebenen Kapazitätsmeßschaltungen haben den praktischen Nachteil, daß bei einem Durchschlag des Prüflings während der Messung unter Umständen das Meßgerät überlastet werden kann. Für höhere Kapazitätsmeßbereiche kann zwischen dem Eingangstransformator und dem Kondensator eine kleine Sicherung eingeschaltet werden. Für kleinere Meßbereiche sind diese meist nicht mehr verwendbar, weil sie in der Regel erst bei Stromstärken von mehreren 100 mA ansprechen.

Um den erwähnten Mangel zu beseitigen, führt man die *Messung mit einem Schutz- oder Vorkondensator* durch. Man schaltet nach Abb. 94 vor den Prüfling einen Kondensator C_V, der mit einer höheren Spannung geprüft wurde und dessen Kapazitätswert so groß ist, daß bei einem Durchschlag des Prüflings der Zeiger des Instrumentes in der gewählten Schaltung gerade etwa den Endausschlag zeigt. Bei der Anschaltung eines guten Kondensators C_X wird dann ein Strom gemessen, der dem der Serienschaltung von C_V und C_X entsprechenden Kapazitätswert entspricht. Eine unmittelbare Ablesung des Kapazitätswertes auf der Wechselstromskala ist allerdings nicht mehr möglich. Man verwendet dann, wie oben erwähnt, empirisch geeichte oder aus den Stromwerten berechnete Hilfs- oder Anlegeskalen. Man kann den Vorkondensator gleichzeitig auch als Vergleichs- oder Normalkondensator verwenden. Man schließt in diesem Fall zunächst die Klemmen für C_X kurz und regelt mit der Spannungsregelung den Endausschlag des Meßgerätes ein. Damit ist der Frequenzeinfluß kompensiert und anschließend kann mit Hilfe der erwähnten Hilfsskala der Wert von C_X gemessen werden. Die Bestimmung der Größe der Vorkondensatoren, die Wahl der Spannung und des Strommeßbereiches für den erforderlichen Kapazitätsmeßbereich erfolgt nach den oben angeführten Richtlinien.

b) *Anwendungsbeispiele.*

Als Beispiel einer Kapazitätsmessung soll hier die *Fehlerortsbestimmung bei Aderunterbrechung* an Kabeln angeführt werden. Sie besteht im wesentlichen darin, daß nach Abb. 95 die Kapazität der beiden Teile der unterbrochenen Ader *a* gegen Erde, bezw. gegen alle übrigen geerdeten Adern des Kabels, ermittelt werden. Da eine gleichmäßige Kapazitätsverteilung angenommen werden kann, erhält man aus dem Verhältnis der Kapazitäten unmittelbar das Verhältnis der Teillängen:

$$C_X : (C_l - C_X) = x : (l - x).$$

Um die Messungen von einem Kabelende durchführen zu können, verwendet man eine gute Ader des Kabels als Rückleitung, die am „fernen“ Ende mit der unterbrochenen Ader verbunden wird. Man mißt nun zunächst den Strom durch die Kapazität C_X der einen Teillänge x und anschließend den Strom durch die Kapazität $(2\,C_l - C_X)$ der Hilfsader, mit der Gesamtlänge l des Kabels und der anderen Teillänge $(l - x)$. Als Stromquelle wird ein Magnetsummer mit genügender Spannung, Leistung und Konstanz, oder ein Röhrengenerator mit einer Frequenz von etwa 800 Hz ($\omega = 5\,000$) verwendet. Bei Starkstromkabeln mit größeren Kapazitäten können die Messungen auch bei Netzfrequenz durchgeführt werden. Wie die Schaltung zeigt, soll die Spannungsquelle bei beiden Messungen immer gleich belastet sein, es werden also beide Adern an die Spannungsquelle angeschlossen und nur das als Milliamperemeter geschaltete Meßgerät umgeschaltet. Das Verhältnis der gemessenen Ströme i_1 und i_2 gibt dann unmittelbar das Verhältnis der Längen:

$$i_1 : i_2 = x : (2\,l - x).$$

Der Fehlerort ergibt sich somit aus:

$$x = \frac{i_1}{i_1 + i_2} \, 2\,l.$$

Die Genauigkeit dieser Fehlerortsbestimmung hängt ab, von der Genauigkeit, mit der die Gesamtlänge l des Kabels bekannt ist und von der Genauigkeit der Strommessung. Man muß daher trachten, bei den beiden Strommessungen möglichst große Zeigerausschläge zu erhalten. Da der innere Widerstand des Meßgerätes im allgemeinen gegenüber den hohen Blindwiderständen der Kabelkapazitäten vernachlässigbar klein ist, können bei beiden Messungen verschiedene Strommeßbereiche des Meßgerätes ein-

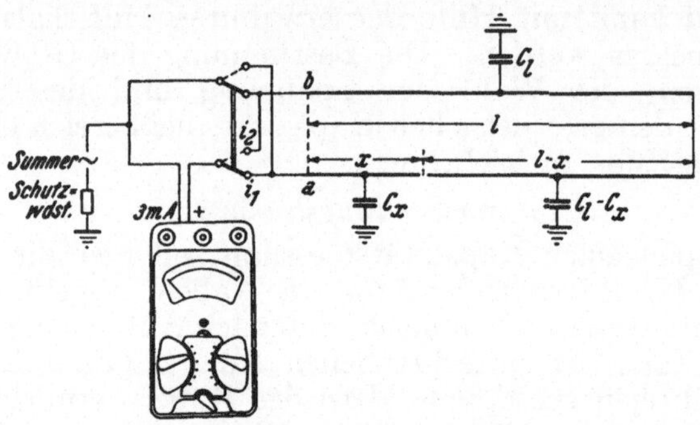

Abb. 95. Fehlerortsbestimmung bei Aderunterbrechung von Kabeln oder Freileitungen.

geschaltet werden. Bei Verwendung des gleichen Meßbereiches, also in den Fällen, in denen der Fehlerort in der Nähe des „fernen" Kabelendes liegt, können die Zeigerausschläge α_1 und α_2 unmittelbar in obige Formel eingesetzt werden:

$$x = \frac{\alpha_1}{\alpha_1 + \alpha_2} \, 2\,l.$$

D. Frequenzmessung.

Ebenso wie aus Wechselstrom- und Wechselspannungsmessungen, bezw. aus der bekannten Frequenz der Wechselspannung, die Kapazität eines Kondensators ermittelt werden kann, kann auch umgekehrt in der Schaltung nach Abb. 96, aus der Strom- und Spannungsmessung und aus der bekannten Kapazität eines Normalkondensators C_N, die Frequenz der Wechselspannung ermittelt werden. Aus der Formel für den Strom i_C durch einen Kondensator bei einer angelegten Wechselspannung U mit der Kreisfrequenz $\omega\,(= 2\,\pi\,f) : i_C = U\,\omega\,C_N$, ergibt sich die Frequenz aus:

$$f = \frac{i_C}{U\, 2\pi\, C_N}.$$

Die Berechnung kann etwas vereinfacht werden, wenn der Wert für den Quotienten: $U/i_C = R$ graphisch aus Abb. 60 ermittelt wird. Man erhält dann die Frequenz aus:

$$f = \frac{1}{2\pi\, R\, C_N}.$$

Eine weitere Vereinfachung ergibt sich, wenn der Kapazitätswert als Vielfaches von $10/\pi$ gewählt wird.

Als Normalkondensator verwendet man einen verlustarmen Kondensator. Papierkondensatoren sind zwar genügend verlustarm, doch ändert sich ihre Kapazität etwas mit der Temperatur. Besser geeignet sind daher für diesen Zweck Styroflex- oder Glimmerkondensatoren.

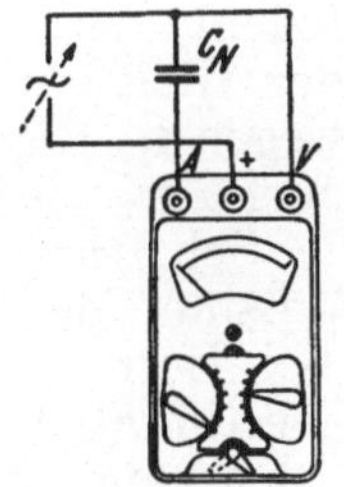

Abb. 96. Bestimmung der Frequenz aus Strom- und Spannungsmessung an einem Normalkondensator.

Man erhält in der angegebenen Schaltung einen direktzeigenden Frequenzmesser, z. B. für Netzfrequenz, wenn man einen Kondensator mit einer Kapazität $C_N = 0{,}2\,\mu F$ und den Wechselstrommeßbereich 15 mA wählt, sowie eine Spannung einregelt, die so errechnet wird, daß durch das Meßgerät, in der Schaltung als Strommesser, bei 50 Hz gerade 12,5 mA fließen, also ein Zeigerausschlag von 25 Skalenteilen entsteht. Demnach ergibt sich aus:

$$i_C = U\, \omega\, C_N,$$

$$12{,}5 \cdot 10^{-3} = U\, 2\pi\, 50 \cdot 0{,}2 \cdot 10^{-6}$$

$$U = 199\,\text{V}.$$

Durch Multiplikation des an der Wechselstromskala abgelesenen Zeigerausschlages mit 2 kann dann unmittelbar die Frequenz bestimmt werden.

Das Verfahren der Wechselstrom- und Wechselspannungsmessung an einem Normalkondensator zur Bestimmung der Frequenz, das auch zur Bestimmung der Drehzahl von Wechselstromgeneratoren verwendet werden kann, findet vor allem im Tonfrequenzgebiet vielfach Anwendung, da direktzeigende Frequenzmeßeinrichtungen oder Frequenzmeßbrücken, wie z. B. die *Robinson*-Frequenzmeßbrücke, nicht mmer zur Verfügung stehen.

E. Induktivitätsmessungen.

Die Bestimmung der Selbstinduktivität von Spulenwicklungen kann ebenfalls durch Wechselstrom- und Wechselspannungsmessungen bei bekannter Frequenz durchgeführt werden. Während bei allen Kondensatoren, mit Ausnahme von Elektrolytkondensatoren, der Verlustwinkel und die Kapazitätsänderung mit der Frequenz relativ klein sind und daher die Bestimmung der Kapazität durch Strom- und Spannungsmessung prinzipiell richtig ist, — außer eben bei Elektrolytkondensatoren, bei denen, wie erwähnt, besser die Drei-Voltmeter-Methode nach Abb. 84 zur Anwendung kommt, — muß bei der Strom- und Spannungsmessung an Luftspulen und an Spulen mit Eisenkernen, wie an Drossel- und Transformatorwicklungen meist die Größe des Ohmschen Widerstandes der Wicklung berücksichtigt werden. Um genaue Meßergebnisse zu erhalten, wird man daher in vielen Fällen die *Drei-Voltmeter-Methode* nach Abb. 85 anwenden müssen. Außer dem Einfluß des Ohmschen Widerstandes auf die Ergebnisse der Strom- und Spannungsmessung, — welcher Einfluß bei Eisenkernspulen meist vernachlässigt werden kann, — ist noch zu berücksichtigen, daß der Koeffizient der Selbstinduktivität gerade bei Eisenkernspulen von der Gleich- und eventuell Wechselstrombelastung der Spule und, wegen der Eigenkapazität der Wicklung, auch von der Frequenz abhängig ist.

Die Schaltung Abb. 85 gestattet, wie schon gezeigt wurde, die Messung der Induktivität unter den Betriebsbedingungen, also bei Betriebswechselstrom bestimmter Frequenz und unter einer bestimmten Gleichstromvorbelastung, und zwar auch dann, wenn der Ohmsche Widerstand gegenüber dem Blindwiderstand nicht vernachlässigt werden kann.

Wenn auf die Gleichstromvorbelastung verzichtet werden kann, dann kann die *Messung größerer Induktivitäten* in der Schaltung nach Abb. 97 a, also in der grundsätzlichen Schaltung zur Bestimmung größerer Scheinwiderstände nach Abb. 87 a, — bei der der innere Widerstand des Meßgerätes bei der Strommessung gegenüber dem Blindwiderstand der Drossel vernachlässigt werden kann, — und die *Messung kleinerer Induktivitäten* in der Schaltung nach Abb. 97 b entsprechend der prinzipiellen Schaltung nach Abb. 87 b, — bei der der Strom im Spannungsmesser gegenüber dem Strom durch die Spule vernachlässigt werden kann, — durchgeführt werden.

Wie bei der Kapazitätsmessung kann auch bei der Induktivitätsbestimmung der *Berechnungsvorgang* vereinfacht werden. Zunächst kann aus der Strom- (J) und Spannungsmessung (U) aus Abb. 60 graphisch der Wert des Blindwiderstandes:

$$\omega L = \frac{U}{J}$$

und daraus der Selbstinduktivitätskoeffizient L bei bekannter Frequenz ω für die bei der Messung gegebenen Betriebsverhältnisse, berechnet werden. Das Diagramm kann auch so gezeichnet werden, daß daraus für eine bestimmte Frequenz der Selbstinduktivitätskoeffizient L unmittelbar entnommen werden kann. Ferner besteht die Möglichkeit bei konstanter Frequenz, also z. B. bei synchronisierten Netzen und bei einer bestimmten Spannung den Wert L unmittelbar aus Hilfs- oder Anlegeskalen, deren einzelne Skalenpunkte z. B. aus den Stromwerten berechnet werden, zu entnehmen. Die unmittelbare Ablesung der Induktivität an der Wechselstromskala, ist selbstverständlich wegen des reziproken Verhältnisses von Strom und Blindwiderstand nicht möglich. Grundsätzlich ist es allerdings möglich, bei konstantem Strom, wegen der linearen Beziehung zwischen Spannung und Blindwiderstand, in analoger Weise wie bei der Kapazitätsmessung, die Verhältnisse so zu wählen, daß an der Wechselstromskala des Meßgerätes bei einem bestimmten Spannungsmeßbereich die Induktivität unmittelbar abgelesen werden kann. Bei der Durchführung dieser Messungen kann, ebenso wie bei der Kapazitätsbestimmung, eine Frequenzänderung durch eine Spannungsänderung kompen-

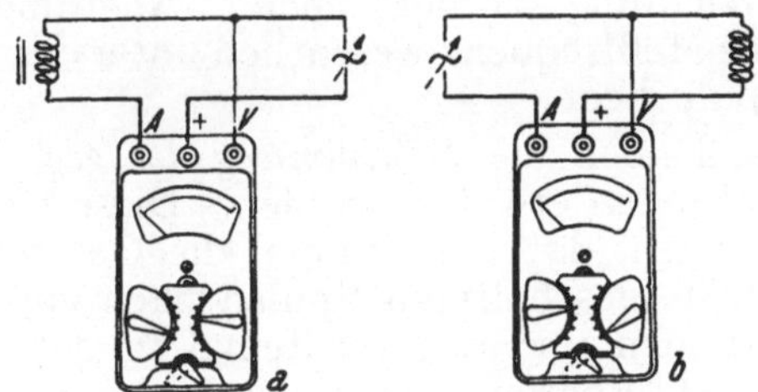

Abb. 97. Schaltungen zur Induktivitätsmessung.

siert werden. Allerdings wird für diesen Zweck eine auf andere Weise geeichte Normalinduktivität entsprechender Größe nicht immer zur Verfügung stehen.

Um Anhaltspunkte für die Wahl der erforderlichen Spannung und der zu wählenden Meßbereiche bei diesen Induktivitätsbestimmungen zu geben, sollen nachstehend einige praktische Beispiele angeführt werden.

Selbstinduktivitäten von etwa 12 ... 45 H bei Drosselspulen mit Eisenkernen können in der Schaltung nach Abb. 97 a bei einer Wechselspannung von 220 V und bei einem Strommeßbereich von 60 mA, solche von etwa 45 ... 230 H in der gleichen Anordnung bei einem Meßbereich von 15 mA gemessen werden. Kleinere Selbstinduktionen von etwa 9 ... 42 mH werden in der Schaltung nach Abb. 97 b bei einer Wechselspannung von 4 V und bei einem Meßbereich von 1,5 A, solche von etwa 42 ... 200 mH in der gleichen Anordnung bei einem Meßbereich von 0,3 A gemessen. Durch Wahl anderer Spannungen und entsprechend geänderter Strombelastung der Spulen können beliebige andere Meßbereiche der Selbstinduktivität gewonnen werden.

Aus der Strom- und der Spannungsmessung kann nach dem obigen, wie erwähnt, nur dann der Blindwiderstand errechnet werden, wenn der Ohmsche Widerstand der Wicklung gegenüber dem Blindwiderstand vernachlässigt werden kann. Bei technischen Frequenzen ist der *Ohmsche Widerstand von Eisenkernspulen* meist nur wenig höher als der Gleichstromwiderstand. Diese Erhöhung ist bedingt durch die Hysterese- und Wirbelstromverluste. Bei Luftspulen ist die durch die *Eigenkapazität c* der Wicklung bedingte Vergrößerung der Selbstinduktivität L und des Ohmschen Widerstandes R erst bei höheren Tonfrequenzen bemerkbar. Beide Größen sind durch die bekannten Formeln definiert:

$$L_\omega = L\,(1 + \omega^2 L\,c),$$
$$R_\omega = R\,(1 + 2\,\omega^2 L\,c).$$

Die Formeln können bekanntlich dazu benützt werden, aus Induktivitäts- und Widerstandsmessungen, z. B. nach der Drei-Voltmeter-Methode, bei zwei verschiedenen Frequenzen die Eigenkapazität der Wicklung zu berechnen. Allerdings ist dies nur möglich, wenn die Meßfrequenz wesentlich unter der Eigenresonanzfrequenz der Spule liegt.

Schließlich soll noch die *Bestimmung der gegenseitigen Induktivität M* zweier Spulen erwähnt werden. Diese kann in einfacher Weise derart erfolgen, daß man einmal die Gesamtinduktivität l_1 der beiden in Reihe geschalteten Spulen nach einer der oben beschriebenen Methoden und das zweitemal in der gleichen Schaltung, aber mit vertauschten Anschlüssen einer der beiden Spulen, ebenfalls die Gesamtinduktivität l_2 bestimmt. Sind L_1 und L_2 die Selbstinduktivitäten der einzelnen Spulen und ergibt sich bei der ersten Messung ein größerer Wert als bei der zweiten ($l_1 > l_2$), dann ergibt sich bekanntlich aus:

$$l_1 = L_1 + L_2 + 2\,M,$$
$$l_2 = L_1 + L_2 - 2\,M$$

und der Koeffizient der gegenseitigen Induktivität aus:

$$M = \frac{l_1 - l_2}{4}.$$

Die beiden Selbstinduktivitäten L_1 und L_2 der einzelnen Spulen brauchen für die Messung nicht bekannt sein.

2. Bestimmung physikalischer Größen.

Wirkungsgradbestimmung an elektrischen Maschinen.

Im wesentlichen geht die Wirkungsgradbestimmung von Wechselstrommaschinen auf die Leistungsbestimmung durch Strom- und Spannungsmessung zurück, unter gleichzeitiger Messung der Drehzahl und der mechanischen Leistung. Die Messungen werden in analoger Weise durchgeführt, wie dies bereits bei der Wirkungsgradbestimmung bei Gleichstrommaschinen durch Gleichstrom-

und Gleichspannungsmessungen angedeutet wurde. Im allgemeinen wird die Drei-Amperemeter-, bezw. die Drei-Voltmeter-Methode wie beschrieben zur Anwendung kommen können. Wesentlich neue Gesichtspunkte ergeben sich hierbei nicht. Diese Methoden können auch bei Drehstrom gleich belasteter Phasen, wie dies ebenfalls an einem Beispiel zur Drei-Amperemeter-Methode mit Vergleichskondensator gezeigt wurde, zur Anwendung kommen. Bei Drehstrom ungleich belasteter Phasen kann man durch Messungen in jeder Phase auf ähnliche Art zu einem brauchbaren Ergebnis kommen, doch wird man es wegen der vielen Messungen, die gleichzeitig durchzuführen sind und wegen der häufig schwankenden Spannung vorziehen, die Leistungs- und Leistungsfaktorbestimmung mit elektrodynamischen Wattmetern durchzuführen.

VII. Nullmessungen.

Außer für Strom- und Spannungsmessungen kann das Normameter wegen der hohen Empfindlichkeit des Meßwerkes auch als Indikator verwendet werden. An einigen Beispielen, z. B. zur Anzeige von Hochfrequenzströmen in Verbindung mit einem Detektor wurde dies bereits gezeigt. Erwähnt soll noch die Verwendung als Nullgalvanometer in Gleich- und Wechselstrombrückenschaltungen werden, für die sich die kleinen an Buchsen zugänglichen Meßbereiche eignen. In der Gleichstromschaltung ergibt sich beim kleinsten Strommeßbereich von 0,3 mA eine Stromempfindlichkeit von 5×10^{-6} A pro 1 Skalenteil, in der Wechselstromschaltung beim Meßbereich 3 mA eine solche von 5×10^{-5} A pro 1 Skalenteil, allerdings bei verminderter Anfangsempfindlichkeit.

Die Empfindlichkeit einer Meßbrückenschaltung ist nun bekanntlich außer von der Höhe der Eingangsspannung und der Empfindlichkeit des Nullinstrumentes auch von der Anpassung der Stromquelle und des Galvanometers an die Brücke abhängig. Bei Verwendung des Normameters ergibt sich die beste Anpassung, wenn die Widerstände, bezw. Scheinwiderstände der Brückenschaltung so gewählt werden, daß der innere Widerstand der Brückenschaltung an den Ausgangsklemmen, entsprechend dem inneren Widerstand des gewählten Meßbereiches, etwa 200 Ohm bei Gleichstrom und etwa 500 Ohm bei Wechselstrom beträgt. Unter Beachtung dieser Richtlinien ist es möglich, noch recht empfindliche Meßschaltungen auch für Wechselstrom aufzubauen. In besonderen Fällen, z. B. bei Verwendung höherer Gleichspannungen wird man für entsprechenden Kriechstromschutz, bei Wechselstrom vor allem bei Verwendung bei höheren Frequenzen unter Umständen für eine elektrostatische Abschirmung sorgen müssen.

Literaturverzeichnis.

1. *Schottky, Strömer, Waibel:* Über Gleichrichterwirkungen an der Grenze von Kupferoxydul gegen aufgebrachte Metallelektroden. Z. f. Hochfrequenztechnik **37**, 162, (1931).
2. *Grave:* Die Trockengleichrichter in der elektrischen Meßtechnik. Z. f. Instrumentenkunde **60**, 3, 74 ... 87, (1940).
3. *Wolman, Kaden:* Die Anwendung des Trockengleichrichters in der Tonfrequenzmeßtechnik. Z. f. Technische Physik **12**, 10, 476, (1931).
4. *Kaden, H.:* Über die Frequenzentzerrung von Meßgeräten mit Trockengleichrichtern. E. N. T. **9**, 5, 175, (1932).
5. *Hartshorn:* The Frequency of Rectifier Instruments of the Copper-Oxide Type for Alternating Current Measurement. Proc. of the Phys. Loc. **42**, 521, (1930).
6. *Hughes, E.:* Kupferoxydgleichrichter in Verbindung mit Strom- und Spannungsmessern. E. u. M **53**, 22, 261, (1935).
7. *Grave:* Gleichrichterbedingungen und Skalenverlauf. Ein Beitrag zur Frage der Meßbereicherweiterung von Gleichrichterinstrumenten. Arch. f. El. **35**, 245, (1941).

Sachverzeichnis.

Abfallverzögerung eines Relais 103.
Abgleichung von Hochfrequenz- und Zwischenfrequenzschaltungen 61.
Abschirmung 137.
Abschlußwiderstand 111.
Absorptionsfrequenzmesser 108.
Abstimmindikatoren 3.
Änderung des Durchlaß- und Sperrwiderstandes mit der Temperatur 13, 14.
— — Widerstandes der Drehspulwicklung mit der Temperatur 13, 27.
— der Gleichrichterkennlinie 15.
Äußerer Nebenwiderstand 58.
— Kurvenformfehler 33.
— Stromkreis 44.
Akkumulatoren 86.
Amplitudenmessung 20, 100.
Anlaßstrom von Maschinen 86.
Anleger 107.
Anlegeskalen zur Erwärmungsmessung 98.
— — Kapazitätsmessung 131.
— — Temperaturmessung mit Thermoelementen 81.
Anodenröhrenvoltmeter 101.
Anodenverlustleistung 87
Anpassung 114, 116, 126, 137.
Ansteckbarer Ohmzusatz für Normameter GWO 95.
Ansteckenebenwiderstand für Gleichstrom 58.
— — Wechselstrom 104.
Ansteckvorwiderstand für Gleichspannung 69.
— — Wechselspannung 112.
Ansteckwandler 106, 121.
Anzeigegerät für Hochfrequenz 108.
Arbeitspunkt von Verstärkern 114, 116.
— — Netztransformatoren 125.
Arithmetischer Mittelwert des Meßwerkstromes bei Gleichrichterschaltungen 20, 31.
— — von zerhacktem Gleichstrom 63, 65.
Aufnahme der Kennlinie von Röhren 98.
Ausgangsleistung bei Radioempfängern 114.
Ausgangsleistungsmesser 42.
Ausgleichsleitungen 81.
Aussteuerungsgrößen von Verstärkern 114.

Bauweisen von Gleichrichtergeräten 34.
Beeinflussung des äußeren Stromkreises 44.
Beleuchtungsstärke 66.
Beseitigung der Oberwellenabhängigkeit 40.
Bleiakkumulatoren 86.
Blindleistung 110, 118.
Blindwiderstand 110, 118.
Blitzableiter-Widerstandmessungen 127.
Bürde bei Wandlern 106, 113.

Charakteristische Werte von Verstärkerröhren 98.

Dämpfungsglieder 111.
Dämpfungsmaß 110.
Dauerlauf und Bestimmung der Erwärmung von Maschinen 97.
Dietzeanleger 107, 125.

Diodenschaltungen 61.
Direktzeigende Frequenzmesser 133.
— Widerstandsmesser 92.
Doppeldrehspulmeßwerk 21.
Dreheisenmeßwerk 3.
Drehmagnetmeßwerk 3.
Drehspulmeßwerk in Verbindung mit Thermoumformer 2.
Drehspulinstrument 1.
Drehstromanlage mit Phasenschieberkondensatoren 124.
Drehstrom gleich- und ungleich belasteter Phasen 137.
Drehzahl von Maschinen 120.
Drei-Amperemeter-Methode 109.
— mit Kondensator 122.
Drei-Voltmeter-Methode 116, 134.
Durchgangsprüfung an Spulenwicklungen 94.
Durchgriff einer Röhre 99.
Durchlaßrichtung des Gleichrichters 11.
Durchlaßstrom des Gleichrichters 11.
Durchlaßwiderstand des Gleichrichters 12.
Durchsteckwandler 107.

Effektiver Eichwert 20, 31.
Eigenkapazität von Wicklungen 136.
Eigenschaften der Trockengleichrichter-Strom- und Spannungsmesser 29.
Einfluß der Harmonischen auf die Anzeige des Meßgerätes 30.
— — Magnetfelder auf die Anzeige des Meßgerätes 46.
Einheit der Beleuchtungsstärke 68.
Eingeprägter Strom 23.
Eingeprägte Spannung 22.
Einregeln der Leistung von Lichtmaschinen an Fahrzeugen 86.
Eisen-Konstantan-Thermoelement 80.
Eisenverluste von Netztransformatoren 125.
Elektrizitätsleitung in Halbleitern 8.
Elektrodynamische Leistungsmesser 108, 137.
Elektrodynamisches Meßwerk 3.
Elektrolytkondensatoren 101, 118.
Elektronenbewegung in Halbleitern 8.
Elektrostatische Abschirmung 137.
Elektrostatisches Meßwerk 4.
Emissionsstrom von Röhren 98.
Empfängerprüfschaltungen 61.
Empfindlichkeitsregelung des Meßwerkes bei Ohmmetern 92.
Empfindlichkeit von Verstärkern 114.
Endröhren 87.
Entladekapazität von Akkumulatoren 86.
Erdsymmetrische Schaltungen 116.
Ersatzschaltbild für das Temperatur- und Frequenzverhalten 25.
Erster Stromstoß beim Anlassen von Maschinen 86.
Erwärmung von Wicklungen 97.

Fehlerortsbestimmung bei alladrigem Erd- oder Nebenschluß 63.
— — Aderunterbrechung 131.
— nach der Spannungsabfallmethode bei Erd- oder Nebenschluß einer Ader 77.
Feldstärkemesser 100.
Feldtrichtertheorie 10.
Ferraris-Meßwerk 3.
Formfaktor 24, 31.
Frequenzabhängigkeit der Anzeige 52.
Frequenzfehler bei Gleichrichtermeßgeräten 16, 27.
— — Kapazitätsmessungen 130.
Frequenzkompensationsschaltung bei elektrodynamischen Leistungsmessern 108.
Frequenzmessung 132.

Gasentladungsröhren 5.
Gegenseitige Induktivität 136.
Gegentaktschaltungen 22.
Geräuschmessungen an Kollektormaschinen 116.

Germaniumgleichrichter 6.
Gitterspannung 72.
Gitterstrom 62.
— bei Oszillatorschaltungen 62.
Glättung von pulsierendem Gleichstrom 101.
Gleichrichter 87.
Gleichrichtereffekt 9.
Gleichrichterschaltungen 18.
Gleichrichterventil 7.
Gleichspannungsmessungen 69.
Gleichstrommessungen 57.
Gleichstromvorbelastung bei Selbstinduktivitäten 119.
Gleichstromvorspannung bei Elektrolytkondensatoren 118.
Gleichzeitigkeit der Strom- und Spannungsmessung 47.
Glimmerkondensatoren 133.
Glühprozeß bei der Herstellung der Gleichrichter 7.
Graetz-Schaltung 19, 25, 27.
Grenzschichte bei Gleichrichtern 9, 10.

Halbleiter 8.
Halbwellenschaltungen 18.
Halleffekt 5.
Handohmmeter 92.
Herstellung der Gleichrichter 7.
Hilfsskalen zur Erwärmungsmessung 98.
— — Kapazitätsmessung 129.
— — Temperaturmessung mit Thermoelementen 81.
Hitzdrahtmeßwerk 4.
Höherohmige Verbraucher 60.
Hochfrequenzsender 68.
Hochfrequenzwandler 107.
Hoskins-Thermoelement 80.
Hysterese- und Wirbelstromverluste 136.

Idealer Gleichrichter 30.
Impulsverhältnis 65.
Indikator 137.
Induktivitätsmessung 133.
Induktivitätsmessung unter Gleichstromvorbelastung 119.
Innerer Kurvenformfehler 33.
Innerer Widerstand des Gleichrichters 10, 14.
— — — Meßgerätes 51.
— — von Netztransformatoren 126.
Ionenbewegung an Halbleitern 8.
Isolation einer Kabelader 62.
Isolationsprüfung an Kollektorankern 76.
Isolationsstrom 62.
— von Papierkondensatoren 101.
Isolationswiderstand 60.

Kalte Lötstelle bei Thermoelementen 81.
Kapazität eines Gleichrichters 10, 16.
— von Akkumulatoren 86.
— — Elektrolytkondensatoren 118.
Kapazitätsmessungen 127.
Karborundgleichrichter 6.
Kennlinie eines Gleichrichterventiles 10.
Kleinster Spannungsmeßbereich, kleinster Spannungsabfall 35.
Klirrfaktor 33.
Koeffizient der gegenseitigen Induktivität 136.
Kollektoranker 76.
Kollektoroberschwingungen 116.
Kompensation der Spannungsänderung bei Widerstandsmessern 92.
Kompensation des Frequenzfehlers 38.
— — — bei Kapazitätsmessungen 130.
— — Temperaturfehlers 36.
Kondensator bei der Drei-Amperemeter-Methode 122.
Kontaktwerke 65.
Kontrolle der Leistung von Hochfrequenzsendern 68.
Kopplung von kleinen Netztransformatoren 125.
Kreuzspulmeßgeräte 63.
Kriechströme 61.
Kriechstromschutz 62, 137.

Kristallgitter 9.
Künstliche Alterung der Gleichrichter 15.
Kupferoxydulgleichrichter 6.
Kurvenformfehler 33.

Ladung und Entladung von Kondensatoren über Ohmsche Widerstände 102.
Lautstärkemessungen an Lautsprechern 119.
Leerlaufsübersetzungsverhältnis 125.
Leerlaufsverluste bei Netztransformatoren 125.
Leistung im Meßwerk 27.
Leistungsaufnahme eines Kleintransformators 124.
Leistungsmessung an Gleichstrommaschinen 86.
— — Verstärkern und Gleichrichterröhren 87.
— bei Gleichstrom 82.
— — Wechselstrom 120.
Leistungsverbrauch von Gleichrichtermeßgeräten 35.
Leistungs- und Leistungsfaktorbestimmung nach der Drei-Amperemeter-Methode 110.
— — — — — Drei-Voltmeter-Methode 117.
Leistung von Hochfrequenzsendern 68.
Leitungsdämpfung 110.
Leitungsprüfer 92.
Lichtmaschinen 86.
Lichtzeigergalvanometer 62.
Longitudinaleffekt 5.
Lux, Luxmeter 66.

Magnetische Beeinflussung 55.
— Felder 46.
Maximal zulässige Sperrspannung 12.
Mechanische Gleichrichter 5.
Meßbereichgrenzen 42.
Meßbereichunterteilung 43.
Meßzweig 18.
Molybdänsulfidgleichrichter 6.

Nebenwiderstände bei der Leistungsmessung mit Wechselstrom 120.
— — Gleichstrom 58.
— — Wechselstrom 104.
Neper 111.
Nickelchrom-Nickel-Thermoelement 80.
Niederfrequenzübertrager 126.
Nullmessungen 137.
Nutenschwingungen an Kollektormaschinen 116.

Oberwellenabhängigkeit 30.
Ohmzusatz für Normameter GWO 95.
Outputmeter 42, 115.
Oxydationsprozeß bei der Herstellung von Gleichrichtern 7.

Pendelgleichrichter 5.
Phasenmaß 111.
Phasenschieberkondensator 124.
Photoelemente 66.
Photostrom 67.
Prozentuale Emission 88.
Prozentuale Leistungsmessung an Gleichrichterröhren 88.

Quecksilberdampfentladungsröhren 5.

Reststrom von Elektrolytkondensatoren 101.
Röhrenprüfgerät 61.
Röhrenprüfungen, Röhrencharakteristik 98.
Röhrenvoltmeter 5, 61, 72, 76, 100.
Rückstrom des Gleichrichters 13.

Säuredichte 86.
Schaltkapazitäten 38.
Scheinleistung 110, 118.
Scheinwiderstand 110, 118.
Scheinwiderstandsmessungen 127.
Schirmgitterstrom 99.
Schwingkontaktgleichrichter 5.
Schwingungskreis 108.
Schutzkondensator bei der Kapazitätsmessung 130.

Schwundregelkurve eines Radioempfängers 114.
Selbstinduktivität von Spulenwicklungen 133.
Selengleichrichter 5, 9.
Selenphotoelement 66.
Siebkette 111.
Skalendeckungsfehler 40.
Skalenverzerrung 14.
Spannungsabfall an Nebenwiderständen 49, 51, 58, 104.
Spannungsabfallmethode zur Bestimmung des Fehlerortes bei Erd- oder Nebenschluß einer Ader 77.
Spannungsgleichrichtung 22.
Spannungsmessung an elektrischen Maschinen, Batterien und Gleichrichtergeräten 71.
Spannungsteiler 72.
Spannungstransformator 24.
Spannungswandler 113.
Spektrale Empfindlichkeit. Empfindlichkeit von Selensperrschichtzellen 67.
Sperrichtung 11.
Sperrkondensator 54.
Sperrschichttheorie 9.
Sperrspannung 12.
Sperrstrom 11.
Sperrwiderstand 12.
Spiegelfrequenztrennschärfe eines Radioempfängers 114.
Steilheit und Durchgriff einer Röhre 98.
— von Trioden 98.
Sternmagnetgenerator 120.
Steuerfähigkeit einer Röhre 98.
Störstellen im Kristallgitter 9.
Stoßüberlastung und Bestimmung der Erwärmung an Maschinen 97.
Streuinduktivität eines Übertragers 39.
Stromänderungsfaktor 28.
Strom durch hochohmige Verbraucher 60.
Stromgleichrichtung 23.
Strom-Spannungskurve bei Gleichrichterventilen 11.
Stromtransformator 24.
Strom-Widerstandskennlinie des Gleichrichters 12.
Stromverbrauch der Spannungsmeßbereiche 49.
Styroflexkondensatoren 133.

Tachometer 120.
Temperaturabhängigkeit der Anzeige 52.
Temperaturkoeffizient des Gleichrichterwiderstandes 14.
Temperaturabhängigkeit des Widerstandes der Drehspulwicklung 27.
Temperaturmessung mit Hilfe eines Thermoelementes 79.
Temperaturschaltung 37.
Thermische Behandlung des Kupferoxyduls 7.
Thermoelemente 79.
Thermostat 81.
Thermoumformer 2.
Transformator im Meßzweig 54.
Transversaleffekt 5.
Trennschärfe eines Radioempfängers 114.
Trennung von Gleich- und Wechselstrom 54.

Überlastungsfähigkeit des Gleichrichters 12.
Übersetzungsverhältnis von kleineren Netztransformatoren 125.
Übertemperatur 97.
Übertragungsmaß 110.

Verhältnis zweier Ohmscher Widerstände 63.
Verluststrom des Gleichrichters 13.
Verlustwinkel von Elektrolytkondensatoren 102, 118.
Verstärker 87.
Vibratoren 5.

Vierpoldämpfung 110.
Vollwegschaltungen 18, 26, 28.
Vorkondensatoren bei Kapazitätsmessungen 130.

Wählerscheiben 65.
Wandler 46, 106.
— bei der Leistungsmessung mit Wechselstrom 121.
Wattmeter 137.
Wellenwiderstand 111.
Wechselrichter 5.
Wechselspannungsanteil bei Röhren- und Quecksilberdampfgleichrichtern 116.
Wechselspannungsmessungen 104.
Wicklungsunterbrechungen 76.
Wicklungs- und Isolationsprüfung an Kollektorankern 76.
Widerstandsmessung an Kollektormaschinen 97.
— bei Gleichstrom 88.
— — Wechselstrom 127.
Widerstandsmessung bei Wechselstrom an Spulen unter Gleichstromvorbelastung 119.
Widerstandsverstärker 72.
Widerstand von Glühlampen und Heizfäden 127.
— — Eisenkernspulen 136.
Wirbelstromverluste 136.
Wirkleistung 110, 117, 123.
Wirkwiderstand 110, 118.
Wirkungsgradbestimmung an elektrischen Maschinen 86, 136.
Wirkungsgrad eines Kleintransformators 126.

Zangenanleger 107, 124.
Zeitbestimmung durch Messung der Ladung und Entladung von Kondensatoren über Ohmsche Widerstände 102.
Zulässige Sperrspannung 12.
Zungenfrequenzmesser 120.
Zwischenwandler 107.

Monotypesatz und Druck von Berger & Schwarz, Zwettl, N.-Ö.

Tabelle II **Wechselstrom,** Stromartwähler in der Stellung "~"

Meßbereich	Ablesekonstante	Innerer Widerstand in Ω etwa	Anschluß an + und	Schalterstellung		
				U_1	U_2	U_3
5 A ~ *	0,1 A/Skt.	0,2	A	5 A	—	A
1 A ~	20 mA/Skt.	1	A	1 A	—	A
0,25 A ~	5 mA/Skt.	4	A	0,25 A	—	A
0,05 A ~	1 mA/Skt.	20	A	0,05 A	—	A
0,01 A ~	0,2 mA/Skt.	100	A	0,01 A	—	A
2,5 mA ~	50 µA/Skt.	[illegible]	2,5 mA ~	—	—	A
250 µA ~	5 µA/Skt.	4000	250 µA ~	—	—	V
500 V ~	10 V/Skt.	2 MΩ	V	—	500 V	V
250 V ~	5 V/Skt.	1 MΩ	V	—	250 V	V
100 V ~	2 V/Skt.	400 kΩ	V	—	100 V	V
25 V ~	0,5 V/Skt.	100 kΩ	V	—	25 V	V
5 V ~	0,1 V/Skt.	20 kΩ	V	—	5 V	V
1 V ~	20 mV/Skt.	4000 Ω	1 V ~	—	—	V

* Nicht für Dauerschaltung!